物业从业人员岗位技能培训系列丛书

U0331861

物业
绿化养护
WUYELÜHUAYANGHU

主编　杨宝祥　周巍

中国劳动社会保障出版社

图书在版编目（CIP）数据

物业绿化养护/人力资源和社会保障部教材办公室等组织编写. -- 北京：中国劳动社会保障出版社，2017

（物业从业人员岗位技能培训系列丛书）

ISBN 978-7-5167-3178-9

Ⅰ.①物…　Ⅱ.①人…　Ⅲ.①绿化-物业管理-岗位培训-教材　Ⅳ.①S731 ②F293.33

中国版本图书馆 CIP 数据核字（2017）第 261321 号

中国劳动社会保障出版社出版发行

（北京市惠新东街 1 号　邮政编码：100029）

*

三河市华骏印务包装有限公司印刷装订　新华书店经销

787 毫米×1092 毫米　16 开本　14.75 印张　242 千字

2017 年 11 月第 1 版　　2017 年 11 月第 1 次印刷

定价：35.00 元

读者服务部电话：（010）64929211/84209103/84626437

营销部电话：（010）84414641

出版社网址：http://www.class.com.cn

前　言

　　本教材由人力资源和社会保障部教材办公室、北京社会管理职业学院组织编写。教材从强化培养操作技能，掌握实用技术的角度出发，较好地体现了当前最新的实用知识与操作技术，对于提高从业人员基本素质，掌握物业绿化养护人员的核心知识与技能有直接的帮助和指导作用。

　　本教材在编写中根据本岗位的工作特点，以能力培养为根本出发点，内容实用详尽，理论结合实际。全书共分为8章，在介绍物业绿化管理概述、物业绿化植物的选择、物业绿化养护的方法与要求等理论的基础上，系统地介绍了树木养护与病虫害防治、草坪的栽植与养护、绿化花卉的栽植与养护、水生植物的栽植与养护、常用绿化养护器具的使用和保养。本书在编写过程中兼顾知识性、趣味性和系统性，致力于把握以下原则并体现出本书理论与实务相结合的特色：

　　一是针对性原则。以培养物业绿化养护专业能力为主线，综合考虑绿化理论知识、态度观念和实践能力三者之间的关系，不局限于基本知识和基本技能的掌握，而立足于全面提高素质。

　　二是适用性原则。物业绿化管理作为一门交叉学科，涉及面十分广博，内容繁复，特别是物业绿化环境涉及人们的居住和生活空间，是公众关注的热点和焦点。本书具有较为实用的教育功能，内容充实，贴近实际，既可作为职业技能培训教材，也可作为专业类科普读物。

　　三是新颖性原则。鉴于科学技术发展迅速，绿化养护工作不断有新技术加入，本书力求把最新的知识奉献给读者，内容紧贴当今物业绿化养护的前沿科技，贴近生活实际和社会发展热点问题，建立学习主体与知识的联系。

　　本书作者具有多年园林绿化基层工作经历和丰富的环境保护工作经验，且在高职院校从事一线教学科研实践工作。本书可作为物业管理相关人员岗位技能培训教材，也可供全国中、高等职业院校相关专业师生参考使用。

　　由于作者水平所限，错误之处在所难免，希望广大读者不吝指正。

Contents

目　　录

第1章

物业绿化管理概述

第1节　物业绿化管理的含义和内容

学习单元 1　物业绿化管理的含义

物业绿化管理是物业管理公司基本管理与服务的一项内容，是物业管理从业人员必须掌握的知识和技能。

一、　物业绿化管理的内涵

1. 物业绿化管理的定义

物业绿化管理是指为了发挥物业绿化的防护和美化功能，根据植物的生物特性，通过科学的肥水管理、整形修剪、中耕除草、防治病虫害等养护措施，使物业环境绿地中的花草树木生长茂盛，以维护良好的生活、工作环境的管理活动。

2. 物业绿化管理的作用

物业绿化管理是物业管理中的一项重要内容。园林绿化作为城市基础建设的重要一环，具有保护环境资源、提高生物多样性、促进城市文明等多方面作用。随着中国城市化与工业化脚步的不断加快，层出不穷的环境问题越发引起公众的关注与政府的重视，植树造林是保护和改善生态环境的根本措施。绿色植被具有调节城市气候、维持城市碳氧平衡、净化空气、监测环境污染、固土保水和降低城市噪声等功能。因此物业的绿化建设和养护工作显得尤为重要。物业环境保持良好的绿化建设和养护状态对改善生态环境和人居环境，提高人民群众生活质量具有积极的作用。

二、　物业绿化管理的类型与特点

1. 物业绿化管理的类型

（1）酒店及会所绿化管理

1）合理划分工作范围。由于酒店、会所绿化管理工作内容较多，技术要求较高，为了提高工作效率及工作质量，可根据绿化员工的技术特长进行合理的工作范围划分。如将绿化工人分为插花组、机动组、生产组及酒店（会所）植物管理养护组等。

2）灵活调整工作时间。为了不对客人的活动造成影响，酒店或会所的绿化布置、养护工作应在客人到达前或休息时进行。对于白天营业或客人较多的餐厅、大堂，可在晚上停止营业后进行浇水、施肥、病虫防治、绿化保洁等管理工作。

（2）学校绿化管理。对于校园布局紧凑、人员活动较多的区域，如教学楼、学生及教职工生活区、实验楼、办公楼等场所，应采用精品式管理，对绿篱、灌木等进行人工造型修剪，及时清除残花败叶，保持绿化环境整洁、富于生气。对小游园、坡地、备用地等人员活动较少的地方以及全校的大乔木则宜采用自然式的管理，保持树形自然生长，保持学校绿化环境的幽静、协调。

（3）医院绿化管理。在进行医院绿化管理时，要对园林绿化植物的保洁（包括景点保洁、植物叶面保洁等）、清残（包括残花败叶、枯枝等）及植物长势进行重点管理。避免过多的人为修剪，保持植物良好的长势，创造清新、幽雅、舒适的环境。

（4）机关单位的绿化。机关单位的绿化管理要求庄严、整洁、高雅。机关单位的绿化多作规则式设计，比较讲究立体空间的垂直绿化，其绿化造型及材料选用一般都比较严格，在进行绿化管理时应按设计意图进行规则式修剪。修剪及清除枯枝黄叶应是机关绿化管理的重点。

（5）工厂绿化管理。工厂绿化植物受周围环境影响较大，其植物绿化功能以环保为主，在植物选用上多选用生长快、成活率高、抗性强的树种。绿化管理中要注意合理浇水，尤其注意不要使用工厂排放的有污染的水浇植物，尽量使用自然水。另外，由于工厂常会排放一些杂质对土壤造成影响，因此在施肥时应针对土壤的污染情况采取针对性施肥，避免造成植物的缺素症状。

（6）大型公共物业绿化管理。大型公共物业有人流量大、交通疏导要求高、人为破坏绿化植物多等特点。针对这些特点，在进行绿化管理时不宜使用带刺、有毒、易断的绿化植物；不宜使用果树或大花植物作绿化；植物养护应注重对绿地的围护，避免人为因素造成植物损坏。

2. 物业绿化管理的特点

（1）美观性。物业绿化的植物，不但本身形态要美，而且还要尽可能与物业建筑的艺术以及不同植物的形、色、香等方面相搭配，以尽显色彩花香之美。

绿化的设计应考虑到感观的因素。在充分考虑车行道、人行道、车位等因素的前提下，要尽量给人美感的享受，使人有空气清新、芳香扑鼻、幽美迎面的感觉。这样，不仅使业主在感观上得到满足，而且在增进健康、消防疲劳、振奋精神等方面能够受益。

（2）针对性。物业绿化一般是有针对性地注意绿化植物的配置方式。物业绿化的配置方式，因"业"而异。必须考虑的因素是烘托建筑艺术、突出整体功能形象。配置方式一般有"规则、自然、混合、艺术"四种：规则式适用于集中绿地、广场、花坛、行道等，表现为严谨、规则、对称、对距、排列整齐等，讲究线条造型；自然式则讲究错落有致，变化自然，适用于区域一隅；混合式是几种方式的并用；艺术式则是通过树木搭配、树形弯曲、修剪等艺术造型，达到烘托建筑、突出主题的安排。有条件的地方，应配以假山奇石、标志、小亭、雕塑、作品、流水、盆景、花木等，以提高艺术含量。物业绿化常以艺术与规则相结合为主、其他方式为辅的配置方式。无论采用哪种配置方式，设计时都要首先突出整体要求，进而考虑不同的树形、造型、姿态及与建筑的匹配等具体问题。

（3）动态性。物业绿化管理的主要对象是绿化植物。植物是鲜活的生命体，有自己的生长周期，在植物的不同生长周期，管理者要针对不同的植物采取不同的养护管理措施来维持景观效果。

（4）经常性。绿化植物会在生长过程中产生新陈代谢的附属物，或者由于自然原因如大风等极端天气会使部分植物体掉落，如落叶、果实等。同时绿化环境的清洁也要保持，这就要求管理者要经常性地对物业绿化环境进行清理。绿化植物也会面临病虫害的侵扰，这也需要管理者经常性地进行检测。

三、 物业绿化的效益

1. 生态效益

绿色植物对生态的平衡具有不可替代的作用，生态效益是最直接的效益。绿色植物能大量吸收二氧化碳，放出氧气。一般来说，1 hm²（公顷）树林每天可以吸收 1 t 二氧化碳，放出 0.73 t 氧气。只要有 10 m² 的森林绿地面积，就可以全部吸收一个居民呼出的二氧化碳，加上城市燃料所产生的二氧化碳，则城市中每人必须有 30～40 m² 的绿地面积。很多树木能吸收对人体有害的毒气，如柳杉可吸收大量二氧化硫，刺槐能吸收部分氟化氢等。

在有森林的地方每 1 m³ 空气中的含菌量要比热闹喧哗的大街少 85% 以上，

因为许多树木能分泌杀菌素，有杀死病菌的功能。如在繁华的北京王府井大街，每 1 m³ 空气中有几十万个细菌，而城区公园内只有几千个。城市绿化植物中具有较强杀菌能力的种类有柠檬桉、大叶桉、苦楝、白千层、臭椿、悬铃木、茉莉花及樟科、松科、柏科等。

吸附污染物是绿色植物的另一大功能。绿色草坪和树林将裸露的地面有效覆盖，刮风时尘土不易飘扬；树木枝叶大量吸附空气中的灰尘，树叶蒙尘后，经雨水冲洗又能恢复其吸附作用，从而有效净化空气；有些植物能大量吸收被污染土壤中的重金属。对于一些污染源和严重污染的地区，尤其要选用对污染物有较强抵抗性和吸收能力的树种。

绿色植物能调节气候，夏天树荫下的气温比树荫外一般低 3～5℃；树木与草坪能蒸腾水分，增加空气的湿润度，减少干燥对人的影响。

植物对噪声具有吸收和消声的作用，可以减弱噪声的强度。南京市环卫局对该市道路绿化的减噪效果进行了调查，发现当噪声通过由两行桧柏及一行雪松构成的 18 m 宽的林带后，噪声减少 16 dB，通过 36 m 宽的林带后，减少了 30 dB。据日本近年调查，40 m 宽结构良好的林带可减低噪声 10～15 dB。

树木和草地对保持水土有非常显著的功能。树木的枝叶茂盛地遮挡着地面，当雨水下落时首先冲击树冠，不会直接冲击土壤表面，可以减少地表土的流失；树冠本身还积聚滞留一定数量的雨水，不降落地面；同时，树木和草本植物的根系在土壤中蔓延，能够紧紧地"抓着"土壤，不让其冲走。如果破坏了树木和草地，就会造成水土流失、山洪暴发，给人们的生活和生产带来严重危害。

不少植物对环境污染的反应比人和动物要敏感得多。如人在二氧化硫浓度 1～5 μg/L 时才能闻到气味，而一些敏感植物在 0.3 μg/L 时就出现症状。植物的这种症状，就是环境污染的"信号"，人们可以根据植物所发出的信号来分析鉴别环境污染状况。利用植物的这种敏感性可以监测环境的污染。

绿化创造了一个局部的生物多样化环境。它不仅提高绿量，而且水质、空气、声音、土壤、局部气候等都会明显改善，这将吸引百鸟筑巢，蝴蝶戏花，成为动物的天堂，动物的相对多样性也就建立起来。随着大量的生态小区和生态建筑的建成，居住区和生态环境将得到完善的协调。

2. 生命效益

绿化有利于保护人民身心健康。绿色植物大量地吸收或吸附空气中的有害物质，放出新鲜氧气，使空气得到净化，人们视觉清新，感受到生命回复大自然的喜悦。绿地公园等户外休闲空间，可使城市人松弛神经，舒缓疲惫的身心。

因此，绿化将减少由各种污染引起的疾病，如常患的气管炎、肺炎、哮喘、缺钙、神经官能症及精神系统紧张、心血管病以及由重金属污染引起的各种疾病。

绿化工程能提供高质量的休闲。普遍分布在生活区、居民住宅中的近距离小型园林、草地可供人们散步，在树荫下设置石凳、藤架等设施可供人们休息，铺装草坪和旷地可供人们进行体育锻炼。

3. 美学效益

以绿色为主调，不仅富于生态特色，富于人性色彩，而且符合美的原则。大面积的绿或主调是绿色并不影响和约束小面积的多样色彩。鲜花、霓虹灯、户外广告、低层外墙、室内装修等色彩纷呈，独具特色，人行道和公共场所用地采用硬质地面（如鹅卵石、大理石、花岗石等），铺成不同形状和不同颜色的几何花式，易造成一种更高层次上的多样统一的境界。

铺满绿色植物，同时配以和谐的多种色彩，整个小区就有一个美好的形象。绿色植物不是一种次要的陪衬，而是富于蓬勃生机和审美魔力的构筑材料，灰色的高楼大厦没有繁花绿树的"包装"，会给人僵硬死板、单调乏味的感觉。在建筑物四周有高低参差的乔木、灌木、青青的草地、色彩缤纷的花卉和路面装饰，能将分散的建筑统一起来，使建筑物刚硬的线条变得柔和，使整个建筑群和小区的色彩丰富起来，小区形象便显得厚重而轻柔，多样而统一，居民会感到神清气爽、轻松愉悦。

4. 经济效益

绿化事业能创造可观的直接经济效益。绿地、公园并不只是花钱的地方，其中一部分土地可栽种各种植物、花卉以盈利。现在道路一般是种植绿化用途的植物，可提倡创造一定的条件，种植既能产生比较大的绿量，又具有可观经济价值的果树、桑树、木本油科植物，在屋顶种植蔬菜、花卉和珍贵药用植物，甚至发展无土农业，实际上增加了耕地面积。

学习单元 2　物业绿化管理的内容

物业绿化管理的内容包括对绿化植物及园林小品等进行养护管理、保洁、更新、修缮，使其达到改善、美化环境，保持环境生态系统良性循环的效果。物业绿化管理除了日常绿化养护管理工作外，还包括绿化翻新改造、花木种植、环境布置、绿化有偿服务等工作。

一、　物业绿化日常管理

1. 日常管理的含义

绿化日常维护与管理就是进行浇水、施肥、修剪、中耕除草、病虫害防治和自然灾害防治等养护管理工作，保证物业环境内的绿化植物正常生长，达到物业管理标准所要求的景观和生态效果，维持物业内部生态系统的正常运行，使物业得到保值和增值。

2. 日常管理的内容

绿化的日常管理包括浇水、修剪造型、施肥、中耕除草、病虫害防治、绿化保洁等。另外，日常管理还包括园林建筑及园林小品维护、绿化标识制作、园林观赏鱼喂养等。根据不同地点的园林，室内绿化与室外绿化的质量要求及环境条件各不相同，日常管理也有比较大的差别。

二、　物业绿化更新改造

1. 更新改造的含义

植物虽然有较强的生长能力，但生长一定时间后，植物茎叶会枯黄老化，根系增加，加之践踏使用后土壤板结，不透气，杂草侵入，病虫害发生，致使生长质量下降，失去其原有的应用功能。若要保持绿化植物的经久不衰，需要经常进行复壮更新。

绿化植物的更新改造是指通过修剪、断根、施肥等园艺栽培手段，刺激植物的生长，达到使其生长旺盛的目的。

2. 更新改造的内容

绿化更新改造的内容包括草坪更新与补植、绿篱更新与补植、林下绿地改造、园林建筑小品翻新、花坛植物更换等。另外，对于一些用时令花卉摆设的花坛，也应根据不同时期及节庆要求及时进行更换翻新。

三、　物业花木种植

1. 花木种植的含义

在物业范围内，进行草本、木本等绿化植物的种植，保证苗木成活并达到相应栽植应用目的的栽培活动即花木种植。

2. 花木种植的内容

花木种植包括苗圃花木种植及花场花木种植。苗圃花木种植是物业服务企业为了方便绿化管理而自建花木生产基地，用于时令花卉栽培、苗木繁殖及花木复壮养护等。花场花木种植工作包括时令花卉栽培、阴生植物繁殖与栽培、苗木繁殖、撤出花木复壮养护、盆景制作等。

四、 物业环境布置

1. 环境布置的含义

环境布置是指节假日或喜庆等特殊场合对公共区域或会议场所等进行花木装饰等布置。

2. 环境布置的内容

环境布置主要包括小型广场、主要道路、主要出入口、标志性建筑前、室内局部环境的绿化装饰工作。

五、 绿化灾害预防

不同地方的物业绿化景观特别是园林植物在使用过程中，每年不同的季节均会因自然灾害的影响而或多或少地受到损坏，如寒害、台风灾害以及洪涝灾害、滑坡、旱灾等。为了减少自然灾害的影响，降低自然灾害所造成的损失，应及时根据气候变化情况，在自然灾害发生前及时采取有效措施减少自然灾害的影响。

1. 寒害的预防

冬天如果温度突然大幅下降或最低温度过低时，往往对植物造成寒害或冻害，尤其是一些从温暖地区引种或移植到较寒冷地区的植物，由于其在原产地形成的生态习性，难以适应寒冷的气候，往往会造成寒害。有些植物在早春萌发后遭受倒春寒危害也会使植株枯萎。为了减少寒害造成的影响，可采取一定的防寒措施，如加强栽培管理、增加植株抗寒力、灌水保墒、搭防风障、堆土护根、包扎、涂白、堆雪、打雪等。

2. 台风的预防

我国东南部沿海地区是台风影响较大的地区，每年的6月底到11月初经常会受到台风的侵袭。台风所过之处，经常造成大片树木被刮倒，对物业绿化造成极大的损害。台风带来的大雨经常造成洪水暴发及滑坡，对物业绿化造成破坏。为了减少台风造成的破坏，应在台风来临前采取一定措施做好以下防范工作：

及时掌握好台风的动态，做好相应预防措施；用水泥柱、木桩等做好新种的中小乔木或其他较高植物的稳固工作；在台风来临前对一些比较招风的乔木或根系较浅的乔木的过密枝叶进行适当疏剪，减少受风面积；及时清除大树树干上的枯枝及棕榈科高大植物的大片黄叶，避免台风来临时掉下对行人造成危害。对于一些较靠近业主窗台、对业主具有潜在危害的枝叶及时修剪；在台风期间，在保证安全的前提下可派人员巡查主要道路绿化情况，发现有倾倒的植物及时报告，对影响交通的及时予以清理。台风过后应马上派绿化人员全面巡查，对倾倒于交通主道上的植物及时采取去顶短截扶正等措施。折落于地上的枝叶等杂物应及时清扫干净，尽量恢复原貌，减少对业主的影响。

3. 旱灾的预防

夏季或秋季的长期干燥无雨，会导致物业绿化植物因温度高及蒸腾量过大且土壤中长期无水分补充而出现枯黄、落叶，从而影响物业绿化景观。

发生旱灾时可采取以下措施保护物业绿化景观：

避开用水高峰期，加强人工浇水，保证物业绿化植物的水源供应；有选择性地灌溉，对于根系较深的大乔木及其他较耐旱的植物不用经常浇水，把有限的水资源用于不耐旱的或新种植的植物；浇水时应优先满足重点观赏部位的植物用水，避免这些地方的植物出现枯黄、枯死现象，对偏远地方的植物要保证不死；改进浇水方式，利用滴灌系统提高水的利用率，减少水的浪费；对于盆栽花木，在十分干旱的情况下可将其搬到大树下、荫棚内或光线不太强的其他地方，减少植物水分的蒸腾及太阳照射对花木的灼害。

4. 涝害的预防

长期降水或积水会导致一些低洼地方的植物生长不良或杂草滋生，影响物业绿化景观，形成水涝灾害现象。

为了防止水涝出现，应采取以下措施：

做好物业绿化景观地面的坡度和排水，大面积的草坪地下应有适当的疏水设备，并避免绿地中间出现积水凹坑；经常检查排水管道有无堵塞现象，有堵塞的应及时予以疏通；注意雨季的天气预报，每次下大雨前检查排水设施，每次大雨后及时派人巡查，对积水地方及时进行人工排涝；对于土壤板结严重的大面积草坪应在每年的五、六月进行打孔培沙，增加土壤的透气透水能力，避免造成积水。

此外，物业绿化管理还包括绿化服务，也就是利用物业服务企业所拥有的园林绿化专业人才开展针对业主、物业使用人甚至是物业管理区域外其他单位的绿化服务。绿化服务包括园林设计施工、绿化代管、花木出租出售、花艺装饰服务、插花及开办盆景培训班、花卉知识培训班等。此服务既可方便客户，充分利用资源，又可以增加收入。

第 2 节　物业绿化管理的现状与趋势

学习单元 1　物业绿化管理的现状

了解物业绿化管理的现状对于物业绿化从业人员十分重要，熟悉国内外的物业绿化管理水平可以去其糟粕，取其精华，对于提高和完善物业管理人员的综合素质有着积极意义。

一、 国内物业绿化管理的发展现状

1. 国内物业绿化管理的阶段

目前国内的物业绿化养护仍然处于较为初级的发展阶段，在技术应用和管理水平上比较落后，物业管理对绿化养护工作的重视程度不够，使绿化养护部门对于自身的工作性质、工作的重要性缺乏一定的认识，把自己的工作定位在完成任务，从不寻求突破。现阶段所进行的绿化养护管理工作已经跟不上社会的进步，很多管理漏洞并未及时被发现和解决，在沿用老一套管理模式的同时，绿化养护管理工作也变得缺乏效率。

2. 国内物业绿化管理的现状

（1）我国的物业管理起步较晚，发展缓慢。1981 年，我国首家物业管理公司诞生。4 年后，物业管理模式得到了刚成立不久的深圳市房管局的认可，并在全市范围内得到了推广，进一步推动了物业管理的发展。1992 年在广东召开

的第二次房管会议决定在全省推行物业管理。1993 年，由房地产业公司召开第一届物业管理大会，同年在深圳市正式成立物业管理协会，意味着我国物业管理工作进入全面发展建设的关键时期。1994 年颁布的《城市新建住宅小区管理办法》（现已废止）指明了推广物业管理工作的深刻意义，同时强调新建住宅小区要推行统一综合专业化的物业管理模式。同年，施行了《中华人民共和国城市房地产管理法》。2003 年施行的《物业管理条例》标志着我国物业管理工作开始步入法制化、社会化、专业化的发展新台阶。该条例也已经经过了若干修改。后来又多了一部《中华人民共和国物权法》。这些法律法规在业主有效维护自己的合法权益不受侵犯，规范物业管理工作等方面都发挥着积极应有的作用。

相比于大城市，我国中小城市的物业管理起步比较晚，在 1997 年前后才开始实施，正处于市场逐步形成、法规日益完善和从业行为不断规范的阶段。目前普遍存在着一些问题：住宅小区的整体规划水平不高，建筑面积一般都比较小，物业管理公司难以施展拳脚；物业管理方面的专业人员数量少，一线基层的员工居多，管理水平低；企业资质等级低，很多小区的物业管理只是由开发商来代管，不是专业的物业管理公司，根本就没有能力管理好小区；一些企业收支不平衡，只好通过降低服务标准和收取公共配套设施租金等手段来减少支出和增加收入，扭曲了物业管理市场；物业管理企业和小区规划以及建设相脱节，很多小区缺少物业管理必要的一些配套设施。

（2）物业管理相关法制不完善。我国关于物业管理方面的法律制度很不健全。虽然《物业管理条例》的颁布结束了中国物业管理业长期以来缺乏全国性法规而造成的无法可依的局面，有利于进一步加快物业管理的发展，符合中国物业管理市场的规律，从根本上保障了国家提出的房地产业与物业管理业分业经营的顺利实施，但是由于当时我国物业管理是一种新兴行业，在不断发展的过程中一直在出现新的变化和新的问题，该条例不适合于所有的新问题，条例对这些问题无明确规定，也无解决方法。虽然之后相继出现了物权法和修改过的物业管理条例，但还不是很完善。相对于物业管理实践来说，物业管理法律法规跟不上变化，在一定程度上制约了物业管理行业的健康发展，导致物业管理纠纷不断。此外，在法律法规上，原则性的规定多于操作性的规定，很多实际具体的案例无明确规定，造成一些管理漏洞，给广大业主的利益造成损失。

物业绿化管理也因以上现状受到影响，部分企业利用相关漏洞，对物业的绿化管理仅仅是表面维持，业主相关的维权渠道十分有限，这都阻碍了我国物业绿化管理的健康发展。

二、 国外物业绿化管理的发展现状

1. 国外物业绿化管理的阶段

发达国家的物业绿化管理水平已达到较为成熟的阶段，各方面都超过我国的目前水平，在物业管理等方面都有十分明确的立法。

国外的物业管理已成为社会化的服务行业，任何人、任何公司都可从事物业管理，只要具备条件，领取营业执照即可。这些物业管理公司或管理机构绝大多数都是自主经营、自负盈亏的经济实体。管理公司（机构）人员精干，效率高，固定人员少，一些项目尽可能临时聘请，可承包的就不设固定人员以节约开支。

2. 国外物业绿化管理的现状

目前物业管理发展比较成熟的是英、美两国。物业管理始于 19 世纪 60 年代的英国，当时正值英国工业化大发展，大量农民进入城市，出现了房屋出租。为维护业主的权利，需要一套行之有效的管理方法，于是出现了专业的物业管理，此后，物业管理传遍世界各地，并受到各国的普遍重视。

现在，国外发达国家在绿化养护、清洁方面已经实现了智能化、信息化管理。英国还加强对这一业务的研究，成立了皇家物业管理学会，会员遍布世界各地。英国作为物业管理的诞生地，在物业管理上形成了自己的特定模式，其中依法管理的特点尤其令人关注。据了解，除了直接的物业管理法规外，一些房地产法规对此也有间接规定。英国常见的房地产开发管理的法律、法规有 50 多种。

新加坡、日本等国家对于物业绿化环境的相关要求在有关的法规中也做出了明确的规定。同时国外发达国家在绿化管理上的科技创新投入要大于我国，新型自动化机械、养护工具和药品的研发和应用情况都远超国内的情况。

学习单元 2　物业绿化管理的趋势

影响物业绿化管理发展趋势的因素主要包括社会因素、监管因素、经济因素和科技因素。在这些因素的影响下，物业绿化管理向着科学化、市场化、投资增大和监管规范化的趋势发展。

一、 影响物业绿化管理发展的因素

1. 社会因素

长期以来，城市大搞经济建设，地产项目不断增加，但是物业的绿化养护工作并不受重视，我国物业绿化的层次仍处于中低端水平。我国的经济飞速增长，但是社会建设的其他方面依然处于落后阶段，人民的综合素质水平决定了其生活大环境的规划水平，物业绿化和养护的发展会随着全社会对生活环境更高的要求而不断进步。

2. 监管因素

在任何性质的组织中，检查管理都是重中之重。但是在我国物业绿化养护管理中，因为许多原因使得监管缺位。长期得不到监管，使得很多绿化养护人员人浮于事，对工作应付了事，这也是绿化养护工作发展不起来的原因之一。监管缺位，是一个长期变化的过程，这种影响在短时间之内无法扭转，但是这种情况必须得做出改变。

3. 经济因素

对于绿化养护管理工作而言，绿化工作不仅仅是人的问题，还需要资金投入以支持设备和技术的更新换代。新的技术和设备可以有效地降低绿化养护工作的难度，提高工作效率。管理工作最终是为了更好地进行绿化养护工作，在实际工作中，一线的绿化养护人员往往缺少相应的技术知识，有些项目，尤其需要专业人员的项目，会因为缺少相应的人才而陷入停滞。绿化养护工作同样需要专业的人才，也需要普及专业性的知识。

4. 科技因素

新型科学技术的应用可以减轻物业绿化养护工作的劳动强度，提高工作效率，提升养护水平，新型养护机械的应用对促进绿化养护技术的创新有着很大的帮助。

二、 物业绿化管理发展的主要趋势

1. 完善机制

引进市场竞争机制，是解决物业绿化养护工作主动性不足的一剂良药，在竞争中可使绿化养护工作得到健康的发展。竞争机制能者上庸者下，淘汰一部分无法跟上时代的绿化养护部门的同时也可以将有限的资金投入到更好的绿化养护部门中，形成良好的循环。甚至可以采取外包招标等形式将绿化养护工作交给企业，既能缩减机构，又能获得更好的效果。

2. 科学规划

每一年度的绿化养护工作开始之前，物业绿化养护部门有必要与其他一些相关部门进行沟通，了解未来一年中的变化，以方便自身的绿化养护工作能够有计划、科学地开展，对于可能会有变化的地方需要提前做出预案，以免出现问题时无法应对。

3. 加大投入

在现有的绿化养护投入的基础上增加投入，引进专业人才，进行新技术的研发，不能将自身的发展定位在传统的植树、除虫、铁锹、镐头上，要开发新的技术，将物业绿化养护开发成产业链，不能仅仅将目光集中在简单的工作上。物业绿化养护工作是一项长期的可以促进整个城市发展的工作，直接影响着文明发展的进程。

4. 加强监管

物业绿化养护管理的监督管理机制必须加强，良好的监管有助于提高绿化养护的工作效率，提高工作完成的标准。只有在严格的监管控制下，物业绿化养护工作才能有更好的发展，高标准、严要求的监督管理模式，才是促进物业绿化养护工作健康良好发展的重要保障。

第2章

物业绿化植物的选择

第1节　绿化植物的概念和分类

 **学习单元 1　绿化植物的概念**

　　物业绿化是园林绿化的一个分支，物业绿化植物也可以叫作园林绿化植物，物业内的绿化景观也可以称为园林景观。物业绿化在景观和植物上的作用都包含在园林绿化的作用范围之内。

　　在一定的地域运用工程技术和艺术手段，通过改造地形（或进一步筑山、叠石、理水）、种植树木花草、营造建筑和布置园路等途径创作而成的美的自然环境和游憩境域，就称为园林。

　　可见园林包括庭院、宅园、小游园、花园、公园、植物园、森林公园、风景名胜区、自然保护区、休养胜地等。园林是由地形、地貌和水体，建筑构造物和道路，植物和动物等素材，根据功能要求、经济技术条件和艺术布局等方面综合组成的统一体。可以说，园林是以有植物并可以提供游憩为主要特征，主要由积淀了历史、文化等诸多信息内容的不同风景单元及其有机组合为主要构成形式的理想的生活境域。

一、　绿化植物的基本概念

　　绿化植物是指在园林绿化中栽植应用的植物，包括各种乔木、灌木、藤本、地被、竹类、草本花卉及草坪植物等。

　　绿化植物栽培与养护是指对绿化植物种植、养护与管理，包括绿化植物的栽植、灌溉、排涝、修剪、防治病虫、防寒、支撑、除草、中耕、施肥等技术措施。

二、　绿化植物的作用

　　园林景观中的组成元素很多，如绿化植物、园林建筑、园林小品、园路、园桥、水体、山石等，其效用虽各不相同，但园林景观中如果没有绿化植物就不能称为真正的园林，因此，绿化植物在园林景观中的作用可谓举足轻重。

绿化植物种类繁多，每种植物都有自己独特的形态、色彩、风韵、芳香等特色。这些特色又能随季节及年龄的变化有所丰富和发展。例如春季梢头嫩绿，花团锦簇；夏季绿叶成荫，浓彩覆地；秋季果实累累，色香齐俱；冬季白雪挂枝，银装素裹，四季各有不同的风姿妙趣。园林设计中，常通过各种不同的植物之间的组合配置，创造出千变万化的不同景观。

绿化植物不但具有美化环境、陶冶情操的功能，还具有改善环境、净化空气的作用。植物通过光合作用，吸收二氧化碳放出氧气，这就是人们到公园中后感觉神清气爽的原因。城市中，绿化植物是空气中二氧化碳和氧气的调节器。在光合作用中，植物每吸收 44 g 二氧化碳可放出 32 g 氧气，绿化植物为保护人们的健康默默地做着贡献。

绿化植物还能分泌杀菌素。据统计数据显示，城市空气中的细菌数比公园绿地中多 7 倍以上。公园绿地中细菌少的原因之一是很多植物能分泌杀菌素。根据科学家对植物分泌杀菌素的科学研究得知，具有杀灭细菌、真菌和原生动物能力的主要绿化植物有雪松、侧柏、圆柏、黄栌、大叶黄杨、合欢、刺槐、紫薇、广玉兰、木槿、茉莉、洋丁香、悬铃木、石榴、枣、钻天杨、垂柳、栾树、臭椿及一些蔷薇属植物。此外，植物中一些芳香性挥发物质还可以起到使人们精神愉悦的效果。

绿化植物还可以吸收有毒气体。城市中的空气中含有许多有毒物质，某些植物的叶片可以吸收解毒，从而减少空气中有毒物质的含量。

绿化植物具有很强的阻滞尘埃的作用。城市中的尘埃除含有土壤微粒外，还含有细菌和其他金属性粉尘、矿物粉尘等，它们既会影响人体健康又会造成环境的污染。绿化植物的枝叶可以阻滞空气中的尘埃，相当于一个滤尘器，使空气清洁。各种植物的滞尘能力差别很大，其中榆树、朴树、广玉兰、女贞、大叶黄杨、刺槐、臭椿、紫薇、悬铃木、蜡梅、加杨等植物具有较强的滞尘作用。通常，树冠大而浓密、叶面多毛或粗糙以及分泌有油脂或黏液的植物都具有较强滞尘力。

绿化植物对于小环境内的空气湿度有很大影响。不同的植物具有不同的蒸腾能力，植物叶片可以蒸腾水到空气中，相当于在该处洒水。

绿化植物还具有减弱光照和降低噪声的作用。阳光照射到植物上时，一部分被叶面反射，一部分被枝叶吸收，还有一部分透过枝叶投射到林下。由于植物吸收的光波段主要是红橙光和蓝紫光，反射的部分主要是绿光，所以从光质上说，绿化植物下和草坪上的光具有大量绿色波段的光，这种绿光要比铺装地面上的光线柔和得多，对眼睛有良好的保健作用，在夏季还能使人在精神上觉得爽快和宁静。绿化植物具有降低城市生活中很多噪声的作用，如汽车行驶声、空调外机声等。单棵树木的隔音效果虽较小，丛植的树阵和枝叶浓密的绿篱墙隔音效果十分显著。实践证明，隔音效果较好的绿化植物有雪松、松柏、悬铃木、梧桐、垂柳、臭椿、榕树等。

科学数据和人们的切身感受可以体会到，绿化植物不仅能使人从视觉上、精神上得到美的享受，更能带给人们健康、安静的生活环境。

 **学习单元2　绿化植物的分类**

能够对绿化植物进行分类是物业绿化人员的一项基本技能，绿化植物分类对于物业绿化的养护和管理有着重要作用。

物业绿化的养护管理严格来说，包括以下两个方面：

一是养护。根据绿化植物不同的生长需要和特定要求，及时采取施肥、修剪、防治病虫害、灌水、中耕除草等园艺技术措施。

二是管理。如绿地的清扫保洁等园务管理工作等。

绿化植物养护管理就是根据绿化植物的生理特性与生长规律，为达到特定的景观效果与生态服务功能而采取的一系列技术处理措施和人为控制行为。通过养护管理可以维持植物景观的设计初衷，保持景观效果，降低物业中园林景观的维护和建设成本，使园区绿化可持续发展。

一、　绿化植物分类利用的意义

物业的园林设计中，常通过各类植物的合理搭配，创造出景致各异的景观，愉悦人们的身心。由于地理位置、生活文化以及历史习俗等原因，人们对不同植物常形成带有一定思想感情的看法，甚至将植物人格化。例如我国常以四季常青的松柏代表坚贞不屈的革命精神，并且象征长寿、永年；欧洲许多国家认为月桂树代表光荣，橄榄枝象征和平。一些文学家、画家、诗人常用园林树木这种特性来借喻，因此，园林树木又常成为美好理想的象征。最为人们熟知的如松、竹、梅被称为"岁寒三友"，象征坚贞、气节和理想，代表着高尚的品质。一些地区，传统上有过年要有"玉、堂、春、富、贵"的观念，即要在家中摆放玉兰、海棠、迎春、牡丹、桂花，借以寄托对于来年美好生活的期盼。

"几处早莺争暖树，谁家新燕啄春泥。乱花渐欲迷人眼，浅草才能没马蹄。最爱湖东行不足，绿杨荫里白沙堤。"这是诗人白居易对绿化植物形成春光明媚景色的描绘。"独坐幽篁里，弹琴复长啸。深林人不知，明月来相照。"这是诗人王维对绿化植物形成"静"的感受。各种植物的不同配植组合，能带给人们丰富多彩的精神享受。

二、 绿化植物的主要分类

1. 按生物特性分类

（1）乔木类

1）乔木类：树体高大（通常 6 m 以上），具有明显的高大主干，分枝点高，如雪松、云杉、樟子松、悬铃木、广玉兰、银杏、白皮松等。

2）灌木类：树体矮小（通常 6 m 以下），主干低矮或者茎干自地面呈多数生出而无明显主干，如月季、牡丹、玫瑰、蜡梅、珍珠梅、大叶黄杨和紫丁香等。

3）藤本类：以特殊的器官，如吸盘、吸附根、卷须缠绕或攀附其他物体向上生长的木本植物，如爬山虎可借助吸盘，凌霄可借助于吸附根向上攀登；蔓性蔷薇每年可发生多数长枝，枝上有钩刺故得上升；卷须类如葡萄等。

4）丛木类：树体矮小而干茎自地面呈多数生出且无明显的主干，如千头柏。

5）匍匐植物类：植株的干和枝不能直立，均匍地生长，与地面接触部分可生出不定根而扩大占地范围，如铺地柏。

（2）草本植物

1）花卉类：可分为一、二年生花卉、球根花卉、水生花卉和蕨类。

2）草坪植物类：由人工栽培的矮性禾本科或莎草科多年生草本植物组成，加以养护管理，可形成致密似毡的植物群体。

2. 按植物观赏部位分类

（1）观花类。观花类包括木本观花植物与草本观花植物。观花植物以花朵为主要的观赏部位，形状各式各样，色彩千变万化。单朵的花常排聚成大小不同、式样各异的花序或以花香取胜。

1）木本观花植物：包括月季、杜鹃、榆叶梅、连翘、桃、玫瑰、合欢、绣线菊、碧桃、紫丁香等。

2）草本观花植物：包括菊花、兰花、大丽花、唐菖蒲、一串红等。

（2）观叶类。绿化植物的叶具有极其丰富多彩的形貌。对于观叶类植物，或叶的大小、形态引人注目；或叶的质地不同，产生不同的质感；或叶的色彩变化丰富。有些树木的叶会挥发出香气。观叶植物观赏期长，观赏价值较高，如油松、雪松、五角枫、合欢、小檗、黄栌、苏铁、银杏、白蜡、栎树、山麻秆等。

（3）观茎类。观茎类植物茎干因树皮色泽或形状异于其他植物，可供观赏。常见供观赏的红色枝条的观茎类植物有红瑞木、野蔷薇、杏等；古香古色枝条的有桃、桦木等；可于冬季观赏的有青翠碧绿色彩的棣棠；还有可观赏形和色的白皮松、竹类、悬铃木、梧桐等。

（4）观芽类。观芽类植物的芽特别肥大美丽，如银柳、结香。

（5）观果类。观果类植物的果实色泽美丽，经久不落，或果形以"奇、巨、丰"发挥较高的观赏效果，如佛手、红豆树、柚、石榴、山楂、葡萄等。

（6）观根类。树木裸露的根部也有一定的观赏价值，但是并非所有树木均有显著的露根美。

一般言之，树木达老年期以后，均会或多或少地表现出露根美。在这方面效果突出的树种有松、榆、梅、楸、榕、蜡梅、山茶、银杏、广玉兰、落叶松等。

（7）观姿态类。观姿态类植物的树势挺拔，或枝条扭曲、盘绕，似游龙，如伞盖，如雪松、银杏、杨树、龙柏、龙爪槐、龙爪榆等。

3. 按在园林绿化中的用途分类

（1）行道树。为了达到美化、遮阴和防护等目的，在道路两旁栽植的树木为行道树，如悬铃木、樟树、杨树、垂柳、银杏、广玉兰等。

（2）庭荫树。庭荫树又称绿荫树，主要以能形成绿荫供游人纳凉、避免日光暴晒和装饰用，多孤植或丛植在庭院、广场或草坪内，如樟树、油松、白皮松、合欢、梧桐、杨类、柳类等。

（3）花灌木。凡具有美丽的花朵或花序，其花形、花色或芳香有观赏价值的乔木、灌木、丛木及藤本植物为花灌木，如牡丹、月季、紫荆、迎春花、大叶黄杨、玉兰、山茶等。

（4）绿篱植物。绿篱植物在园林中主要起分隔空间、范围、场地，遮蔽视线，衬托景物，美化环境以及防护等作用，如黄杨、女贞、水蜡、榆、三角花和地肤等。

（5）地被植物及草坪。地被植物及草坪是指用低矮的木本或草本植物种植在林下或裸地上，以覆盖地面，起防尘、降温及美化作用。常用的地被植物有酢浆草、枸杞、野牛草、结缕草、铺地柏等。

（6）垂直绿化植物。其通常做法是栽植攀缘植物，绿化墙面和藤架，如常春藤、木香、爬山虎等。

（7）花坛植物。采用观叶、观花的草本花卉及低矮灌木，栽植在花坛内可组成各种花纹和图案，如石楠、月季、金盏菊、五色苋等。

（8）室内装饰植物。将植物种植在室内墙壁和柱上专门设立的栽植槽内，可起到室内装饰的作用，如蕨类、常春藤等。

（9）片林。用乔木类植物带状栽植可作为公园外围的隔离带。环抱的林带可组成封闭空间，稀疏的片林可供游人休息和游玩。此类植物一般为各种松、柏、杨树林等。

第 2 节　物业绿化植物的选择

 学习单元 1　物业绿化植物选择的技术

植物的生长受到多种因素的限制，既有自然因素的影响，也有人为因素的影响。物业绿化植物在选择上应遵循一定的科学原则才能保证绿化效果，避免造成经济损失。

一、物业绿化植物品种选择的因素

1. 地理位置

选择绿化植物的首要因素在于树种的选择及本土植被的实际生存能力；除当地的工业污染影响树种选择外，物业所处的地理位置也是绿化植物选择的一个重要因素。如在我国南方地区不适合种杨树；在东北地区不适合选择低矮灌木，因而在城市树种选择上，多以本土植物为主，外来植物为辅。

2. 城市污染

大气污染、水污染、光污染、噪声污染、固体废（弃）物污染、热岛效应等与城市人口密集程度、建筑密集程度、工业密集程度、城市布局、城市市区绿化覆盖率、城郊自然景观风貌、地理位置、地质地貌特点等密切相关。

3. 植物配置

（1）落叶树与常绿树一般相结合进行配置。落叶树一般生长较快，叶片宽大，对城市中的有害气体、尘埃等抗性较强，对保护城市环境作用较大；常绿树一年四季常青，对城市景观有较好的效果。一般多选择对城市作用大的落叶树。

（2）乔木与灌木相结合。乔木是城市绿化的主要部分，是行道树和庭荫树的主要树种，对城市环境的保护有很大作用；灌木主要是以丰富绿化景观为主，或者用作隔离带。

（3）速生树与慢生树相结合。速生树早期的绿化效果较好，在短时间内便可以有成效，但是寿命较短，而慢生树在早期生长速度较慢，绿化效果不显著。因此在进行城市绿化过程中，应根据需要考虑速生树与慢生树的搭配。

（4）树木与花卉草坪相结合。花卉对于丰富绿化景观有着重要的作用，但在北方城市，草坪在城市绿化方面也有很大的作用。城市裸露地面均可栽种草坪，能有效地牢固土壤，减少灰尘，并且在调节城市小气候方面也具有显著效果。

（5）植物种植要以乡土树种为主，辅以外来树种。要种好以及养好树木必须要通过适地适树来选择栽植，在这种情况之下，物业绿化建设的首选树种应该是当地的乡土树种。只有遵循经济实惠以及适地适树的原则，优先使用苗圃培育的乡土树种，才能够使植物的适应性以及绿化的效果不断增强。

二、 物业绿化植物选择的原则

1. 物业绿化植物选择原则的确定

（1）社会因素。绿化工作需考虑多方面的因素，在城市的发展过程中，往往会留下一些具有珍贵价值的历史遗迹，而在城市的规划中不能毁坏这些遗迹去种植树木。在进行树种的选择时还要根据已有的种植经验进行合理的设计与选择。

（2）经济因素。在进行绿化前，应充分控制预算，并测算后期养护成本，不能只注重眼前效果，而忽略后期的连带成本。物业绿化以养护为主，没有经济支撑，工作就无法进行下去。因此在绿化时应尽量选择价格适中、养护成本低的植物。

2. 物业绿化植物选择的主要原则

（1）目的性原则。在进行绿化植物的选配时，需要根据植物应用的具体场景，从应用的目的和植物本身的特性和功能来考虑。物业绿化发挥着改善城市工作生活环境、提供游憩场所、防灾避难等多种功能。物业有多种类型，同类物业中也有不同的功能特点或功能分区，植物配置应满足其相应的功能需求。如商业场所、文化娱乐区人流量大，节日活动多，四季人流不断，要求绿化能达到遮阴、美化、季相明显等效果，因此在绿化植物选择上要考虑能够提供遮阴，并且景观效果好的植物；停车场宜配植庇荫乔木、绿化隔离带，并铺设植草地坪，满足使用和生态功能。物业绿化设计时应充分考虑到防灾避难时的有效利用，开阔绿地兼有防灾、避灾的功能，绿地内水体、广场、草坪等在遇灾时均可供防灾避难使用。物业的绿化植物选配要充分考虑配合周围环境，达到良好的使用目的。

（2）适应性原则。该原则包含两方面的含义：一是常提到的"适地适树"，二是与四周环境的协调与适宜。"适地适树"原意为根据当地气候、土壤、地理位置等各种自然环境条件来选择能够健康生长的树种。通常的做法是选用乡土树种，这样可以保证树种对本地风土条件的适应，保证成活。但"适地适树"不能拘泥于固定的树种中，一些经驯化、引种，能在当地生长良好的外来树种，完全可以被选入植物配置，而这些树种也常常具有某些当地植物缺少的优点，例如金叶女贞的引进为北京绿化增添了一个新鲜的彩色元素，也为植物造景提供更丰富的色彩空间。另外就是植物配置要适应或符合园林综合功能的要求。例如，幼儿园的绿化与工厂的绿化有明显的不同，幼儿园不适宜栽植飞絮及带刺的植物，工厂要考虑选用抗污染能力强的植物，这是与其服务功能相适应的。

（3）经济性原则。绿化在满足实用功能、保护城市环境、美化生活环境的前提下，要做到节约并合理地使用名贵树种。除在重要景点或主建筑物的主观赏处或迎面处合理配置少量名贵树种外，应避免滥用名贵树种。这样既降低了成本又保持了名贵树种的身价。除此以外，还要做到多用乡土树种。各地的乡土树种适应本地风土的能力最强，而且种苗易得，短途运输栽植成活率高，又可突出地方特色，因此应多加利用。外地的优良树种在经过引种驯化成功之后，也可与乡土树种配合应用。因此，绿化植物的配置应在不妨碍满足功能以及生态、艺术上的要求时，考虑选择对土壤要求不高、养护管理简单的果树树种，如枣树、山楂、柿子等；还可选择文冠果、核桃等油料树种；也可选择观赏价值和经济价值均很高的芳香树种，如玫瑰、桂花等；也可选择具有观赏价值的药用植物，如银杏、合欢、杜仲等；此外，还有既可观赏又可食用的水生植物，如荷花等。选择这些具有经济价值的观赏植物，可充分发挥绿化植物配置的综合效益，尽力做到社会效益、环境效益和经济效益的协调统一。

学习单元2　物业绿化植物选择的标准

人们根据长期实践总结出了绿化苗木的选择标准，制定此标准的目的是本着因地制宜的原则选择物业绿化植物，保证在不同的物业环境下选择的绿化植物能够正常生长，发挥其应有的作用，并且不会影响人的活动。

一、　绿化植物选择的意义与要点

1. 绿化植物选择的意义

只有通过合理的选材和科学的配置，才能将不同植物材料搭配出良好的景观效果，绿化、美化物业环境。正确的植物选择是绿化成功的基础，在进行绿化设计时，植物材料的选取直接影响到预算控制、养护费用以及良好的景观和生态效果的创建。

2. 绿化植物苗木选材要点

为了提高苗木的成活率，在苗木的选材上应做到以下几点：

（1）挑选长势旺盛、植株健壮的苗木。

（2）种植的苗木应根系发达，生长苗壮，无病虫害，无枯萎枝及死枝。

（3）苗木规格及树形形态应符合设计要求。

（4）大型苗木应做好移植前的断根处理及完善的专业移栽措施。

（5）草块土层厚度宜为 3～5 cm，草坪卷土层厚度宜为 2～3 cm。

（6）一、二年生花卉，株高应为 10～40 cm，冠径应为 15～35 cm，分枝应不少于 3～4 个，叶簇健壮，色泽明亮。

（7）宿根花卉，根系必须完整，无腐烂变质。

（8）球根花卉，根茎应苗壮、无损伤，幼芽饱满。

（9）观叶植物，叶色应鲜艳，叶簇丰满。

二、 绿化植物选择的标准

1.室内绿化植物选择的标准

应以"因地制宜""适室适花"的原则进行室内绿化植物的选材，充分考虑室内空间状况和植物的品种，如室内选用植物的大小和植物的生活习性等。室内绿化植物应以较能适应室内环境条件的耐阴植物为主，并根据温度、湿度等环境因子的变化情况，灵活选择，适室适花，达到绿化、美化居室和促进植物正常生长的目的。科学研究表明，大多数观叶植物都能在室内半阴和具有明亮散射光的条件下正常生长。目前常用于室内绿化的植物有文竹、吊兰、冷水花、君子兰、仙人掌、富贵竹、巴西铁、合果芋、万年青、龟背竹、发财树、鹤望兰、棕竹等。在室内绿化植物材料的选择上应该遵循以下 5 个标准。

（1）温度标准。我国南北方住宅温度条件不同。例如长江流域，夏季炎热，室内温度达到 30℃ 以上，有时持续高温，冬季温度较低，对有些植物不利，如仙客来、球根海棠等不耐高温植物则不适合在室内摆放。所以根据室内温度条件选择适宜的绿化植物种类与品种，是室内居家绿化的关键。

（2）光照标准。室内一般是封闭的空间，光照条件较差，选择植物最好是以耐较长时间荫蔽的阴生观叶植物或半阴生植物为主。在漫射光线下，它们也能生长，并不影响观赏价值。在较大面积南窗前，离窗 0.5～0.8 m 的位置阳光充足，可选用喜光照植物，如扶桑、兰花之类的植物。需要注意的是任何植物在放置一段时间后都需要转换位置，即转盆，避免植物因为向光性导致偏冠而影响其美感。

（3）空气湿度标准。这个因素对亚热带和热带观叶植物影响较大。尤其在北方地区干旱多风的季节，或在冬季室内取暖季节，室内湿度较低，应慎用要求空气湿度较高的观叶植物。

（4）服务人群的爱好、兴趣和需要。即因人而异，以需择花。人的感官在不同的季节对植物有不同的要求，室内绿化应顺应季节变化规律，春以花、夏以香、秋以果、冬以叶作为主要选材要素。在绿化植物材料的选择上还要考虑维护管理植物的时间和技术要求，不要勉强养一些需要精心料理的植物，可选择生命力较强的植物，如常春藤、佛肚竹、万年青、竹节海棠、仙人掌科植物等。

（5）慎用于室内绿化的观赏植物。对于一些有刺激性气味和含有毒素的植物要谨慎使用。夜来香夜间排放出来的气体会令人头昏、咳嗽、失眠；一品红全株有毒，白色乳汁会使皮肤红肿；南天竹含天竹碱，误食后会引起抽搐、昏迷；仙人掌刺内含毒汁，被刺皮肤疼痛、瘙痒甚至过敏。对于这些植物，要注意不要触摸，更不能食用，若在室内摆放时要放置在不易接触到的地方。

室内植物配置可参考表2—1。

表 2—1   室内植物配置表

空间类型	居室作用及植物配置要点	建议配置植物
门厅	门厅是入口处，包括走廊、过道等。植物景观应具有简洁、鲜明的欢迎气氛，应选用姿态挺拔、棵形较大、不挡出入和视线的盆栽植物	巴西铁、棕竹、假槟榔等
客厅、大厅	客厅是日常起居的主要场所，是家庭活动的中心，也是接待宾客的主要场所。植物景观应讲究柔和、欢迎、谦逊的环境气氛。植物选择力求美观大方，不宜复杂	君子兰、仙客来、龟背竹、万年青、罗汉松盆景、散尾葵、橡皮树、棕竹等
餐厅	餐厅是家人或宾客用膳或聚会的场所，装饰时应以甜美、洁净为主题，可以适当摆放色彩明快的室内观叶植物	如观赏凤梨、变叶木、孔雀竹芋等，可使人精神振奋，增加食欲
图书馆、书房	图书馆、书房是研读、写作的场所。绿化装饰宜明净、清新、雅致，从而创造一个静穆、安宁、优雅的环境，使人入室后就感到宁静、安谧，从而专心致志。所以书房的植物布置不宜过于醒目，而要选择色彩不耀眼的绿色植物为主	文竹、吊兰、龟背竹、袖珍椰子、水竹、六月雪
卧室	卧室的主要功能是睡眠休息。人的一生大约有1/3的时间是在睡眠中度过的，所以卧室的布置装饰十分重要。景观配置要求具有能够松弛紧张情绪的氛围，植物应选择体态轻盈、纤细的观叶植物	吊兰、波士顿蕨、文竹等，不宜选择花色艳丽的花卉，以免引起精神兴奋，影响休息
阳台	阳台是室内光线最充足的地方，适合配置色彩鲜艳、喜阳好光的植物	吊竹梅、巢蕨、天门冬、茶花、蜡梅、橡皮树等
卫生间、厨房	一般面积较小，人们活动频繁，而且光线不足、空气质量较差	冷水花、四季海棠、景天树、薰衣草、茉莉等

2. 室外绿化植物选择的标准

（1）绿化植物"适地适树"。绿化植物种植除了要能够适应种植地区的土壤和气候特点，更为重要的是要适应所栽种地区的工程环境和人员环境。这就要求绿化人员要具备系统的生态植物知识，尤其是针对城市不同区域、不同工程宜栽植物的选择。各类绿地的植物配置均应处理好与地上、地下管线的关系。总体来说，绿化植物是服务于人类生活和生产的，要尽可能发挥其对人类的有益功效。

对于人员活动频繁的区域，如行人、游人活动直接到达的场所要尽量避免种植有毒、有刺、带尖及易引起过敏反应的植物。居住区合理绿化，大量种植绿色植物，能够杀菌消毒，净化空气，调节和改善居住区的小气候，使夏季阴凉清新，冬季温和爽适，处处生机勃勃。对于居民区或社区内部，植物布置应充分考虑住宅的通风、采光、隔热、私密等特定功能要求，高层、中高层住宅的植物配置应充分考虑鸟瞰效果，满足高楼居民的俯视要求。树木与建筑物之间要预留足够的生长空间，防止互相伤害。新建住宅绿化建设应遵从因地制宜、保护地形地貌、弘扬历史文化的原则。此外应注意保护原有绿地及植物，特别是大规格乔木。

（2）道路绿化植物的选择标准。道路绿化是文明生态建设的重要组成部分。道路绿化不仅美化风景，还有净化空气、减弱噪声、改善小气候、防风防火、保护路面等作用。行道树是道路绿化最基本的组成部分。应选择整齐，枝叶茂盛，冠大荫浓，树干通直；花、果、叶无异味，无毒，无刺激；繁殖容易，生长迅速，移栽成活率高，耐修剪；养护容易，对有害气体抗性强；病虫害少，能够适应当地环境条件，能体现出浓郁的地方特色和道路特征的树种。乔木在道路绿化中，主要作用是夏季为行人遮阴、美化街景，因此需选择株形整齐、观赏价值较高的树种，最好叶片能在秋季变色，或者冬季落叶后可欣赏枝干。灌木和花灌木多应用于街道绿带，应选择枝叶丰满、株形完美的品种，或花色艳丽、花期长，或叶色丰富、耐修剪。室外道路两侧不宜配置树冠较大、高空容易郁闭的树种，一旦高空树冠郁闭，不利于汽车尾气的扩散。此外要注意满足交通安全的要求，不妨碍司机及行人的视线。

第3章

物业绿化养护的方法
与要求

第1节　物业绿化养护的内容与要求

 **学习单元1　物业绿化养护的**
技术内容与要求

良好的物业绿化环境离不开精细的管理，物业绿化养护可以细化为多个部分，每一部分都会对物业绿化环境的营造产生影响。掌握物业绿化各部分工作的技术要领是物业绿化人员必备的素质。

一、绿化养护的栽培技术

1. 除草与土壤管理

（1）除草。除草的目的在于疏松土壤、通气、调节土温，促进土壤养分分解，便于树木根系生长，同时除去与树木争肥争水、有碍观瞻的杂草。除草应掌握"除早、除小、除了"的原则，随时清除杂草，除草必须连根剔除。绿地内应做到基本无杂草，草坪的纯净度应达到95％以上。

（2）土壤管理。土壤管理是通过耕作、栽培、施肥、灌溉等，保持和提高土壤生产力的技术。土壤板结时要及时进行松土，松土深度以5～10 cm为宜。草坪应用打孔机松土，每年不少于2次。

2. 施肥

当土壤不能提供植物生长发育所需的营养时，对植物进行人为的营养元素补充的行为称为施肥。

（1）施肥的原则。为确保绿化植物正常生长发育，要定期对树木、花卉、草坪等进行施肥。施肥应根据植物种类、树龄、立地条件、生长情况及肥料种类等具体情况而定。

（2）施肥的对象。定植5年以内的乔、灌木；生长不良的树木；木本花卉；草坪及盆草花。

（3）施肥的方法

1）施肥分类。施肥分为基肥和追肥两类。基肥一般采用有机肥，在植物休眠期内进行；追肥一般采用化肥或复合肥在植物生长期内进行。基肥应充分腐熟后按一定比例与细土混合后施用，化肥应溶解后再施用。干施化肥一定要注意均匀，用量宜少不宜多，施后必须及时充分浇水，以免伤根伤叶。乔、灌木施肥应挖掘施肥沟、穴，以不伤或少伤树根为准，深度不浅于 30 cm。

2）施肥次数。乔木每年施基肥 1 次，追肥 1 次；灌木每年施基肥 1 次，追肥 2 次；色块灌木和绿篱每年施基肥 2 次，追肥 4 次；草坪每年结合打孔施基肥 2 次，追肥不少于 9 次；盆草花以施叶面肥为主，每半月 1 次。

3）施肥量。乔木（胸径在 10 cm 以下）施基肥不少于 20 kg/株·次，灌木不少于 10 kg/株·次，色块灌木和绿篱不少于 0.5 kg/m² ·株，草坪不少于 0.2 kg/m² ·次。施追肥一般按 0.5％～1％浓度的溶解液施用。干施化肥时，乔木不超过 250 g/株·次，灌木不超过 150 g/株·次，色块灌木和绿篱不超过 30 g/m² ·次，草坪不超过 10 g/m² ·次。

（4）施肥的条件

1）要考虑土壤条件。只有在土壤对某一养分供应不足时，才需要施肥，因为大多数营养元素养分供应充足，并不需要把所有的必需元素都施入土壤，否则会造成浪费，甚至造成植物中毒。肥料施入土壤后会发生一系列变化，在不同程度上会影响肥料效果，所以不考虑土壤，也就谈不上真正的合理施肥。

2）要考虑营养环境。土壤养分环境对植物营养有着重要的作用。植物的土壤营养环境包括物理环境、化学环境和养分环境。土壤物理环境影响植物的水分和空气供应，也直接影响养分的供应和保蓄。土壤由大小不同的颗粒组成，这些颗粒构成了土体的固相、液相和气相"三相"。一般肥沃土壤的固相占整个土壤体积的一半以上，另外不到一半的体积，充满水分和空气。土壤孔隙不仅承担着作物水分、空气的供应，本身也对植物生长有重要作用，同时也直接影响养分在土壤中的扩散。土壤黏粒、土壤有机质和土壤酸度是影响土壤化学环境的重要因素。此外，土壤养分也对植物生长起重要作用。

3. 灌溉与排水

灌溉即人为地补充植物所需水分的技术措施。为了保证植物正常生长，必须供给植物以充足的水分。自然条件下，往往因降水量不足或分布的不均匀，不能满足植物对水分要求。因此，必须人为地进行灌溉，以补天然降雨不足。

（1）灌溉的原则。灌溉原则是灌溉量、灌溉次数和时间，要根据植物需水特性、生育阶段、气候、土壤条件而定，要适时、适量，合理灌溉。也就是根据不同植物生物学特性、树龄、季节、土壤干湿程度确定。做到适时、适量、不遗漏，每次浇水要浇足浇透。

（2）灌溉的时间。应视天气的变化进行控制，长江中下游地区梅雨前（最高气温30℃以下），每天早晚喷雾4小时，从上午10时半至下午3时停止喷水。如久干无雨，土壤干燥（土壤泛白开裂），应马上浇水灌溉，宜在早晨或傍晚进行。新苗栽植后2周内需每天浇一次水，从第3周开始隔天浇水，2个月后每隔3~5天浇一次水，在夏秋蒸发量大的季节，隔天浇水期延长一个月；每次浇水必须浇透，使水分真正达到植物的根系，对植株整体也需要喷淋。

（3）植物的排水。排水是指人为控制水的流向，排除与处理多余水量的措施。排水是改善植物生长条件，保证植物正常生长的重要措施之一。

植物排水主要依靠地形、排水沟自然排水，大树区在紧急时还可通过井用泵排水，梅雨季节或连续雨天可临时突击加开排水沟加速排水，以确保新栽苗木周围不积水。浇水养护或雨天，种植区造成道路及广场溢流泥水，需立即清理，并要求及时考虑处理方案并执行，保证路面清洁。

4. 补植

绿化补植是物业绿化中每年都须进行的工作。

（1）确定补植内容。要保持绿地植物的种植量，缺株断行应适时补栽。死亡的植物挖除前应做好记录，并尽早补植。草坪秃斑应随缺随补，保证草坪的覆盖度和致密度。补草可采用点栽、播种和铺设等不同方法。

（2）选择补植种类。补植的树木应选用原来树种，规格也相近似。补栽应使用同品种、基本同规格的苗木，以保证补栽后的景观效果。若改变树种或规格，则须与原来的景观相协调，行道树补植必须与同路段树种一致。

（3）选择补植时间。落叶树应在春季土壤解冻以后、发芽以前补植，或在秋季落叶以后、土壤解冻以前补植。针叶树和常绿阔叶树应在春季土壤解冻以后、发芽以前补植，或在秋季新梢停止生长后、降霜以前补植。

二、 绿化养护的保护技术

1. 保洁

保洁即物业绿化环境卫生的清洁和保持，要求随时保持绿地清洁、美观，做到全天候清扫保洁，旨在为人们的生存环境和卫生清洁提供有效的保障。

（1）及时清除垃圾、砖头、瓦块、枝叶等废弃物，做到垃圾日产日清。

（2）座椅、果屑箱、标志牌等公共设施每天擦洗1次，喷泉水池每周换水1次，随时打捞水面漂浮物。

（3）及时清除绿地设施上的小广告及乱涂乱画痕迹。

（4）及时清运草屑、树枝、死树等施工残留物，现场堆放时间不得超过当天。

（5）经常冲洗树木枝叶上的积尘，防止堵塞枝叶气孔和影响市容。行道树保证每周冲洗1次以上（北方地区冬季暂停清洗）。

2. 修剪

（1）修剪的原则。修剪应以树种习性、设计意图、养护季节、景观效果为原则，达到均衡树势、调节生长、姿态优美、枝繁叶茂的目的。

（2）修剪的内容。修剪包括除芽、去蘖、摘心、摘芽、疏枝、短截、整形、更冠等技术。

（3）修剪的分类。养护性修剪分为常规修剪和造型（整形）修剪两类。常规修剪以保持自然树形为基本要求，按照"多疏少截"的原则及时剥芽、去蘖、合理短截并疏剪内膛枝、重叠枝、交叉枝、下垂枝、腐枯枝、病虫枝、徒长枝、衰弱枝和损伤枝，保持内膛通风透光，树冠丰满。造型修剪以剪、锯、捆、扎等手段，将树冠整修成特定的形状，达到外形轮廓清晰、树冠表面平整、圆滑，不露空缺，不露枝干，不露捆扎物。

（4）修剪的时间。落叶乔、灌木在冬季休眠期进行，常绿乔、灌木在生长间隙期进行，亚热带植物在早春萌发前进行。绿篱、造型灌木、色块灌木、草坪等按养护要求及时进行。

（5）修剪的技术

1）乔木的修剪。一般只进行常规修枝，对主、侧枝尚未定型的树木可采取短截技术逐年形成三级分枝骨架。庭荫树的分枝点应随着树木生长逐步提高，树冠与树干高度的比例应为7∶3～6∶4。行道树在同一路段的分枝点高低、树高、冠幅大小应基本一致，上方有架空电力线时，应按电力部门的相关规定及时剪除影响安全的枝条。

2）灌木的修剪。一般应保持其自然姿态，疏剪过密枝条，保持内膛通风透光。对丛生灌木的衰老主枝，应本着"留新去老"的原则培养徒长枝或分期短截老枝进行更新。观花灌木和观花小乔木的修剪应掌握花芽发育规律，对当年新梢上开花的花木应于早春萌发前修剪，短截上年的已开花枝条，促使新枝萌发。对当年形成花芽，次年早春开花的花木，应在开花后适度修剪，对着花率低的老枝要进行逐年更新。在多年生枝上开花的花木，应保持培养老枝，剪去过密新枝。

3) 绿篱和造型灌木（含色块灌木）的修剪。一般按造型修剪的方法进行，按照规定的形状和高度修剪。每次修剪应保持形状轮廓线条清晰、表面平整、圆滑。修剪后新梢生长超过 10 cm 时，应进行第二次修剪。若生长过密影响通风透光时，要进行内膛疏剪。当生长高度影响景观效果时要进行强度修剪，强度修剪宜在休眠期进行。

4) 藤本的修剪。藤本每年常规修剪一次，每隔 2～3 年应理藤一次，彻底清理枯死藤蔓，理顺分布方向，使叶幕分布均匀、厚度相等。

5) 盆草花的修剪。要掌握各种花卉的生长开花习性，用剪梢、摘心等方法促使侧芽生长，增多开花枝数。要不断摘除花后残花、黄叶、病虫叶，增强花繁叶茂的观赏效果。

6) 草坪的修剪。草坪的修剪高度应保持在 6～8 cm，当草高超过 12 cm 时必须进行修剪。混播草坪修剪次数不少于 20 次/年，结缕草不少于 5 次/年。

（6）修剪的次数。乔木不少于 1 次/年，灌木不少于 2 次/年，绿篱、造型灌木不少于 12 次/年，色块灌木不少于 8 次/年。

（7）修剪的要求。修剪的剪口或锯口平整光滑，不得劈裂、不留短桩。修剪应按技术操作规程的要求进行，特别注意安全。

3. 病虫害防治

要全面贯彻"预防为主，综合防治"的方针，掌握绿化植物病虫害发生的规律，在预测、预报的指导下对可能发生的病虫害做好预防。已经发生的病虫害要及时治理，防止蔓延成灾。病虫害发生率应控制在 10% 以下。

病虫害的药物防治要根据不同的树种、病虫害种类和具体环境条件，正确选用农药种类、剂型、浓度和施用方法，使之既能充分发挥药效，又不产生药害，减少对环境的污染。

喷药应成雾状，做到由内向外、由上向下、叶面叶背喷药均匀，不留空白。喷药应在无风的晴天进行，阴雨或高温炎热的中午不宜喷药。喷药时要注意行人安全，避开人流高峰时段，喷药范围内如有食品、水果等存放物，要待移出或遮盖后方能进行。喷药后要立即清洗药械，不准乱倒残液。

对药械难以喷到顶端的高大树木或蛀干害虫，可采用树干注射法防治。

施药要掌握有利时机，害虫在孵化期或幼虫三龄期以前施药最为有效，真菌病害要在孢子萌发期或侵染初期施药。

挖除地下害虫时，深度应为 5～20 cm，接近树根时不能伤及根系。人工刮除树木枝干上介壳虫等虫体，要彻底干净，不得损伤枝条或枝干内皮；刮除树木枝干上的腐烂病害时，要将受害部位全部清除干净，伤口要进行消毒并涂抹保护剂，刮落的虫体和带病的树皮，要及时收集烧毁。

农药要妥善保管。施药人员应注意自身的安全，必须按规定穿戴工作服、工作帽、戴好风镜、口罩、手套及其他防护用具。

4. 植物保护

（1）防风。在台风季节之前就要做好防风准备，凡浅根、迎风、树冠大招风的树木都要保护。防风措施有立支柱、适当剪去密枝等，吹斜的树要及时扶正并修剪删枝，倒伏伤根的树要强度修剪，并扶正卷干加强养护。

（2）防寒。防寒工作应在 11 月上旬开始，按抗寒力强弱，先弱后强顺序安排，12 月上旬结束。防寒措施包括培土、铺草、卷干（包草）、扫除枝叶积雪等。地上部分易冻死的宿根类植物，如芭蕉，可剪去地上部分然后培土；新栽树木可在根茎处培土。不耐寒的大树可卷干或根颈处铺草、盖土。大雪时，常绿球形树冠要及时除去积雪，雪后如有损伤要及时抚育，用修、拉、扶、撑等方法恢复树势，平衡树冠。

（3）防晒。树木因高温天气生长状况出现枯萎，需要防旱抗旱，及时遮阳、补充水分；刚移植的绿化植物在高温天气下也应注意防晒。常见的防晒措施是搭设遮阳棚。

5. 绿地设施的维护

绿地设施包括园路、花台、花架、亭廊、座椅、园灯、栏杆、标志牌、果屑箱等园林小品及供水阀门、喷头等设施。绿地设施应保持完好无损，发现缺损应及时修补、更换。

学习单元 2　物业绿化养护的
管理内容与要求

物业绿化的管理重点在于对于绿化植物这种有生命的物业组成要素的管理。根据植物的生长规律制定相应的人员物资分配方案和养护手段是物业绿化管理人员必备的基本技能之一。

一、 物业绿化养护管理工作方案概述

1. 物业绿化养护管理工作方案的定义

绿化养护部门结合物业所在地点的自然条件，制订短期或者全年的具体绿化养护计划和灾害应急预案，统称为绿化养护管理方案。

2. 物业绿化养护管理工作方案制订的作用

通过制订物业绿化养护管理方案，可以规范绿化养护管理工作，便于人力物力的合理安排，便于对养护管理的效果进行量化考核，可以确保绿化养护工作平稳有序地进行。

二、 物业绿化养护管理工作方案的制订

1. 物业绿化养护管理工作方案的主要内容

（1）绿化养护工作年度计划。即根据一年中不同月份当地的气候特点，结合绿化植物的生长特性，因时、因地提出合理计划及安排，协调安排工作人员开展工作。年度绿化养护工作计划因我国地理面积情况的原因，一般应分为南北方分别进行制订。

（2）绿化养护工作月度计划。即养护工作计划按月份整理出项目当地的气候特点，该月绿化植物需要重点进行养护的内容和技术要点，如病虫害防治要点，水、肥的控制等。

2. 养护质量记录

绿化人员应在每次养护结束后，定期做好养护、消杀、机具使用、耗材消耗的记录，可设计相应的绿化标准记录表，管理人员在养护工作结束巡视后可以在表上记录对相应绿化工作的评价。

3. 工作考核标准

工作考核标准的制定对于绿化管理的正规化运行，保证绿化质量和调动绿化工作人员的积极性都有着重要作用。

可每月下旬不定期进行全面工作巡查，依据考核标准进行考核，公布当月养护工作成绩。

考核标准中除对绿化质量进行考核，还应对绿化人员的考勤、机具使用安全规范和耗材消耗等方面综合考虑。

三、 物业绿化宣传方案的制订

1. 制订物业绿化宣传方案的意义

物业绿化一方面需要养护部门进行维护，另一方面也离不开使用者的爱惜，物业绿化宣传方案可采用标语、提示牌等方式，增强人们爱护物业环境的意识。

2. 物业绿化宣传方案制订的技巧

在进行绿化养护宣传时应注意季节变化和适当的宣传方式。如图 3—1 和 3—2 所示，形式多样的宣传牌可以引人注目，同时人性化的标语也更易让人接受。

图 3—1　物业绿化宣传标牌一　　　　图 3—2　物业绿化宣传标牌二

在标语的内容上要注意不同季节有所侧重，例如春秋季节可适当添加防火标语。

第 2 节　物业绿化养护质量及其控制

学习单元 1　物业绿化养护管理
质量控制的内容

为保证物业绿化服务的质量，人们制定了物业绿化养护标准，标准的制定一方面作为绿化养护过程中的作业要求，另一方面作为绿化服务质量的评价标准。通过量化标准的制定来对绿化养护的质量进行控制。

养护质量标准的确定对于物业绿化养护的质量保证有着非常重要的作用。按照物业对于绿化的不同等级要求，可划分成表 3—1 的三个级别的养护标准。

表 3—1 绿化养护标准

级别	养护要求
一级	1. 绿化充分，植物配置合理，达到黄土不露天
	2. 绿化植物达到的要求 （1）生长势好：生长超过该树种该规格的平均生长量（平均生长量待调查后确定） （2）叶子健壮：①叶色正常，叶大而肥厚，在正常的条件下不黄叶、不焦叶、不卷叶、不落叶，叶上无虫网、灰尘；②被啃咬的叶片最严重的每株在 5% 以下 （3）枝、干健壮：①无明显枯枝、死权、枝条粗壮，过冬前新梢木质化；②无蛀干害虫的活卵、活虫；③介壳虫最严重处主枝干上 100 cm² 内，数量小于 1 头活虫，较细的枝条小于 5 头活虫；株数都在 2% 以下（包括 2%，以下同）；④树冠完整：分支点合适，主侧枝分布匀称和数量适宜、内膛不乱、通风透光 （4）行道树基本无缺株 （5）草坪覆盖率应基本达到 100%；草坪内杂草控制在 10% 以内；生长茂盛颜色正常，不枯黄；每年修剪暖地型 6 次以上，冷地型 15 次以上；无病虫害
	3. 行道树基本无缺株，行道树和绿地内无死树，树木修剪合理，树形美观，能及时解决树木与电线、建筑物、交通等之间的矛盾
	4. 绿化生产垃圾（如树枝、树叶、草末等）重点地区路段做到随产随清，其他地区和路段做到日产日清；绿地整洁，无砖石、瓦块和塑料袋等废弃物，并做到经常保洁
	5. 栏杆、园路、桌椅、井盖和牌饰等园林设施完整，做到及时维护
	6. 无明显的人为损坏，绿地、草坪内无堆物、堆料、搭棚或侵占等；行道树树干上无钉栓刻画的现象，树下距树干 2 m 范围内无堆物堆料、搭棚设摊、圈栏等影响树木养护管理和生长的现象，2 m 以内如有，则应有保护措施
二级	1. 绿化比较充分，植物配置基本合理，基本达到黄土不露天
	2. 绿化植物达到： （1）生长势正常：生长达到该树种该规格的平均生长量 （2）叶子正常：①叶色、大小、薄厚正常；②较严重黄叶、焦叶、卷叶、带虫叶、虫网灰尘的株数在 2% 以下；③被啃咬的叶片最严重的每株在 10% 以下 （3）枝、干正常：①无明显枯枝、死权；②有蛀干害虫的株数在 2% 以下（包括 2%，以下同）；③介壳虫最严重处主枝主干 100 cm² 有 2 头活虫以下，较细枝条每尺长一段上在 10 头活虫以下，株数都在 4% 以下；④树冠基本完整：主侧枝分布匀称，树通风透光

级别	养 护 要 求
二级	（4）行道树缺株在 1% 以下 （5）草坪覆盖率达 95% 以上；草坪内杂草控制在 20% 以内；生长和颜色正常，不枯黄；每年修剪暖地型 2 次以上，冷地型 10 次以上；基本无病虫害 3. 行道树和绿地内无死树，树木修剪基本合理，树形美观，能较好地解决树木与电线、建筑物、交通等之间的矛盾 4. 绿化生产垃圾要做到日产日清，绿地内无明显的废弃物，能坚持在重大节日前进行突击清理 5. 栏杆、园路、桌椅、井盖和牌饰等园林设施基本完整，基本做到及时维护 6. 无较重的人为损坏。对轻微或偶尔发生难以控制的人为损坏，能及时发现和处理、绿地、草坪内无堆物堆料、搭棚或侵占等；行道树树干无明显的钉栓刻画现象，树下距树 2 m 以内无影响树木养护管理的堆物堆料、搭棚、圈栏等
三级	1. 绿化基本充分，植物配置一般，裸露土地不明显 2. 绿化植物达到： （1）生长势基本正常 （2）叶子基本正常：①叶色基本正常；②严重黄叶、焦叶、卷叶、带虫叶、虫网灰尘的株数在 10% 以下；③被啃咬的叶片最严重的每株在 20% 以下 （3）枝、干基本正常：①无明显枯枝、死杈；②有蛀干害虫的株数在 10% 以下；③介壳虫最严重处主枝主干上 100 cm² 有 3 头活虫以下，较细的枝条每尺长一段上在 15 头活虫以下，株数都在 6% 以下；④90% 以上的树冠基本完整，有绿化效果 （4）行道树缺株在 3% 以下 （5）草坪覆盖率达 90% 以上；草坪内杂草控制在 30% 以内；生长和颜色正常；每年修剪暖地型草 1 次以上，冷地型草 6 次以上 3. 行道树和绿地内无明显死树，树木修剪基本合理，能较好地解决树木与电线、建筑物、交通等之间的矛盾 4. 绿化生产垃圾主要地区和路段做到日产日清，其他地区能坚持在重大节日前突击清理绿地内的废弃物 5. 栏杆、园路和井盖等园林设施比较完整，能进行维护 6. 对人为破坏能及时进行处理。绿地内无堆物堆料、搭棚侵占等，行道树树干上钉栓刻画现象较少，树下无堆放石灰等对树木有烧伤、毒害的物质，无搭棚设摊、围墙圈占树等

学习单元 2 物业绿化养护管理质量控制的措施

一、 物业绿化养护质量的检查

1. 物业绿化养护质量检查项目

结合表 3—1 的三级别绿化养护标准，对不同养护要求的物业绿化活动进行评价，重点检查项目一般包括表 3—2 中的内容。

表 3—2 物业绿化养护质量检查项目

重点检查项目	项目细则	检查频率（/次）				检查要点
		每周	每月	每季	每年	
养护文件	物业绿化养护年度计划				1	计划完善，可操作
	材料采购清单				1	按不同季节拟好所需养护材料
	自然灾害等突发情况预案				1	预案完备，具有可操作性
仪容仪表	统一制服					制服统一、整洁
	个人清洁到位					个人卫生整洁
工作纪律	听从指挥					按时高标准完成分配任务
	无投诉					没有同事和群众的服务性投诉
草坪类	草坪修剪		1			草坪平整美观，草高保持 3～5 cm
	草边修剪		1			边缘交界处平滑，无界线分明，无过长现象
	草屑清理		1			及时清理到指定的垃圾中转站，工完场清
	草坪杂草清理		1			无明显阔叶杂草，草坪纯净率达 95％以上
	草坪施肥			1		每季一次，草坪碧绿期达 350 天以上
	草坪浇水	3				2 天浇水一次，使草坪保持适量水分，无萎蔫情况；关注天气预报，节约用水
	草坪病虫害的防治	1				每周检查一次；发现病虫害及时处理；病虫防治率达 95％以上

重点检查项目	项目细则	检查频率（/次）				检查要点
		每周	每月	每季	每年	
草坪类	草坪黄土裸露	1				每周检查一次，及时处理黄土裸露，保持草坪覆盖率达 95% 以上
	草坪绿化带垃圾清理	7				每天配合清洁分部清扫两次，无垃圾、落叶、杂物；保洁率达 95%
乔木类	修剪			1		无徒长枝、枯枝、烂头、过密枝，无腐枝
	乔木松土			2		基部土壤疏松、平整，无青苔，无板结
	乔木施肥				2	土面不露肥，无缺肥情况
	乔木杂草		1			无明显杂草，无 30 cm 长萌蘖枝
	病虫害的防治		1			无明显病虫枝，病虫害防治率达 95% 以上；但因白蚁、林业检疫性病虫害除外
	浇水	2				保持乔木正常生长需要，无缺水情况
灌木类	修剪			2		合乎修剪规律、造型植物轮廓清晰、平直整齐、棱角分明，无严重枯枝黄叶；新生枝条不超过 10 cm
	松土			2		一个半月松土一次，保持土壤疏松，无青苔，无杂草，无杂物
	施肥				1	生长良好，不缺肥，不徒长
	病虫害防治		1			见虫即打，无明显病虫枝，防治率达 95% 以上；但因白蚁、林业检疫性病虫害除外
绿篱、绿墙类	修剪			2		轮廓清楚，表面平直，侧面垂直，无明显缺漏剪，无崩口，无枯枝，脚部整齐
	施肥				1	养分适量，无缺肥，不徒长
	松土			2		绿篱边缘整洁，土壤疏松
	浇水	2				保持正常生长需要，无缺水情况
	病虫害防治		1			无明显病虫枝，防治率达 95% 以上

续表

重点检查项目	项目细则	检查频率（/次）				检查要点
		每周	每月	每季	每年	
花坛、地被植物类	修剪			2		坛边整洁美观，无明显残花，修剪合理，层次分明，富有立体感
	施肥			1		养分适量，无缺肥，不徒长
	浇水	2				保持正常生长需要，无缺水情况
	松土			2		绿篱边缘整洁，土壤疏松
	病虫害防治		1			无明显病虫枝，防治率达95%以上

2.物业绿化养护质量检查的方法

物业绿化养护质量的检验方法一般采用定期检验与随机检验相结合的方式。由于植物生长具有季节性，在季节交替时物业绿化养护的工作任务较为繁重，因此，根据养护计划的安排，在重点季节时段应该定时安排养护质量检查，如南方台风季来临之前应重点检查高大树木枝叶的安全性，雨季做好园区植物掉落物的清扫工作等。

随机检查也是不可或缺的重要检查手段，是保证养护质量的有效方法，通过不定时对业主发放关于绿化养护质量的调查问卷，也是客观反映物业绿化养护质量的重要方法。

二、 物业绿化养护质量考核

1.物业绿化养护质量考核的含义

通过对绿化养护服务的过程中随机检查考核以及按照检查计划进行定时考核检查，对绿化服务的质量加强控制，确保所有的服务工作始终处于受控状态，促使绿化服务水平稳步上升。

2.物业绿化养护质量考核的标准

物业绿化养护服务质量的考核现在基本都是采用量化打分的方式进行透明化、标准化的管理。此方法有公平、科学、可以量化考核的特点。简单考核办法见表3—3和表3—4。

表 3—3　　　　　　　　　　　　绿化养护质量检查考核标准表

序号	检查项目	检 查 标 准
1	仪容仪表（5分）	工人统一制服，佩戴工作证，1 人不合格扣 1 分
		工人头发、指甲修剪及时，身上无异味，1 人不合格扣 1 分
		精神饱满，状态良好，工作热情，1 人不合格扣 1 分
2	工作纪律（5分）	服从安排，听从工作调配，认真完成本职工作，严格遵守管理处规章制度，同事之间不相互争吵，违纪 1 人扣 1 分
		对同事和他人和气、热情，不合格或有效投诉 1 次扣 1 分
3	草坪类（20分）	（1）草坪平整美观，草高保持 3～5 cm，超过 6 cm 按每 100 m² 扣 1 分
		（2）边缘交界处清晰平滑，界线分明，无过长现象，没修剪草边的按每 50 m 扣 1 分
		（3）及时清理到甲方指定的垃圾中转站，工完场清；没及时清理垃圾，每次扣 1 分
		（4）无明显阔叶杂草，草坪纯净率达 95% 以上；每 m² 杂草超过 20 株扣 1 分
		（5）每季一次，草坪碧绿期达 350 天以上；缺肥 100 m² 扣 1 分
		（6）2 天浇水一次，使草坪保持适量水分，无萎蔫情况；关注天气预报，节约用水；出现缺水萎蔫每 100 m² 扣 1 分
		（7）每周检查一次；发现病虫害及时处理；病虫防治率达 95% 以上；出现病虫害没及时处理每 100 m² 扣 1 分
		（8）每周检查一次，及时处理黄土裸露，保持草坪覆盖率达 95% 以上；甲方提供了草坪未及进补植的每次扣 1 分
4	乔木类（15分）	（1）无徒长枝、枯枝、烂头、过密枝，无腐枝；每 5 处扣 1 分
		（2）乔木基部土壤疏松、平整，无青苔，无板结；每 5 株扣 1 分
		（3）土面不露肥，无缺肥情况；每 5 株扣 1 分
		（4）无明显杂草，无 30 cm 长萌蘖枝；每 10 株扣 1 分
		（5）无明显病虫枝，病虫害防治率达 95% 以上；发现病虫害每 10 株扣 1 分，但因白蚁、林业检疫性病虫害除外
		（6）保持乔木正常生长需要，无缺水情况；有缺水的每 10 株扣 1 分
5	灌木类（20分）	（1）合乎修剪规律，造型植物轮廓清晰，平直整齐，棱角分明，无严重枯枝黄叶；新生枝条不超过 15 cm；目视未达标的按每 100 m² 扣 1 分
		（2）养分适量，无缺肥，无徒长；目视缺肥每 100 m² 扣 1 分

序号	检查项目	检查标准
5	灌木类 （20分）	（3）边缘整洁，土壤疏松；目视土壤板结每100 m² 扣1分
		（4）保持正常生长需要，无缺水情况；目视缺水每 50 m² 扣1分
		（5）见虫即打，无明显病虫枝，防治率达95％以上；出现病害未及时消杀每100 m² 扣1分
6	绿篱、 绿墙类 （15分）	（1）轮廓清楚，表面平直，侧面垂直，无明显缺漏剪，无崩口，无枯枝，脚部整齐；目视未达标按每100 m 扣1分
		（2）养分适量，无缺肥，无徒长；目视出现缺肥按每100 m 扣1分
		（3）绿篱边缘整洁，土壤疏松；目视土壤板结每100 m 扣1分
		（4）保持正常生长需要，无缺水情况；目视缺水每100 m 扣1分
		（5）见虫即打，无明显病虫枝，防治率达95％以上；目视出现病虫害未处理按每100 m 扣1分
7	花坛、 地被植物类 （20分）	（1）坛边整洁美观，无明显残花，修剪合理，层次分明，富有立体感；目视发现未达标的每100 m² 扣1分
		（2）养分适量，无缺肥，无徒长；出现缺肥每100 m² 扣1分
		（3）保持正常生长需要，无缺水情况；目视出现缺水按每100 m² 扣1分
		（4）绿篱边缘整洁，土壤疏松；外边缘出现板结每100 m² 扣1分
		（5）见虫即打，无明显病虫枝，防治率达95％以上；未达标按每100 m² 扣1分，但因白蚁、林业检疫性病虫害除外

注：绿化养护质量检查考核标准总分为100分。

表 3—4 　　　　　　　　　　　　**考核结果评定及处理方式表**

考核结果	处理方式
90～100分（含90分）：良好	经物业部或管理处确认，全额支付合同金额服务费
80～90分（含80分）：及格	经物业部或管理处绿化服务质量检查考核发现的问题，及时限期整改处理，不予奖惩
70～79分（含70分）：较差	经物业部或管理处绿化服务质量检查考核发现的问题及时限期整改处理，每减少1分扣除当月服务费1‰
69分以下：不合格	经物业部或管理处绿化质量检查考核不合格，及时限期整改处理，扣除当月绿化服务费5％，连续两个月绿化质量检查考核不合格，物业部或管理处有权单方面终止合同

第4章

树木养护与病虫害防治

chapter 4

第1节　树木的栽植与配置

 **学习单元1　树木的栽植技术**

树木的栽植技术是物业绿化养护人员必备的基本技能。

一、栽植前的准备工作

1. 栽植前的修剪

移栽树木修剪的目的是为了调整树行、均衡树势、减少蒸腾，提高移栽树木的成活率。修剪主要是指修枝和剪根两部分。

（1）修剪的原则。修枝量要视树种、苗木移栽成活的难易程度、栽植方法、挖苗的质量来确定，一般萌生能力强、根系发达、带土球移栽、挖根质量好的可适当减少修剪量。

修剪应保持自然的树形，应剪去内膛细弱枝、重叠枝、下垂枝，对病虫枝、枯死枝、折断枝必须剪除，过长徒长枝应加以控制。

（2）修剪的方法

1）落叶乔木的修剪。掘苗前对树形高大、具明显中央领导干、主轴明显的树种（银杏、水杉、池杉等）应以疏枝为主，保护主轴的顶芽，使中央领导干直立生长。

对主轴不明显的落叶树种，应通过修剪控制与主枝竞争的侧枝，使领导枝直立生长。

对易萌发枝条的树种（悬铃木、国槐、意杨、柳树等），栽植时注意不要造成下部枝干劈断，定干的高度根据环境条件来定，一般为3～4 m。

移栽前，高大乔木的修剪疏枝应与树干齐平、不留桩。

2）常绿树的修剪。中、小规格的常绿树移栽前一般不剪或轻剪。栽植前只剪除病虫枝、枯死枝、生长衰弱枝、下垂枝等。常绿针叶类树木只能疏枝、疏侧芽，不得短截和疏顶芽。

3）花灌木的修剪。对灌木的修剪，主要目的是使植株保持内高外低、自然丰满的圆球形，达到通风透光、生长旺盛的目的。移栽灌木的修剪技术主要有以下几种方法。

一是去蘖。培养有主干的灌木，如碧桃、连翘、紫薇等，移栽时要将从根部萌发的蘖条齐根剪掉，从而避免水分流失。

二是疏枝。对冠丛中的病枯枝、过密枝、交叉枝、重叠枝，应从基部疏剪掉。对根蘖发达的丛生树种，如黄刺梅、玫瑰、珍珠梅、紫荆等，应多疏剪老枝，使其不断更新，旺盛生长。对于早春发芽比较早的丁香，只疏不剪或轻微短截。

三是短截。早春在隔年生枝条上开花的灌木，如榆叶梅、碧桃、迎春、金银花等，为提高成活率，避免多开花消耗养分，需保留合适的 3～5 条主枝，其余的疏去。保留的主枝短截 1/2 左右，侧枝也需疏去 2/3 左右的弱枝。夏季在当年生枝条开花的灌木，如紫薇、木槿、玫瑰、月季、绣线菊、珍珠梅等，移栽后应重剪。可将保留的枝条剪去 2/3，以便集中养分促发新枝，达到多开花、花大艳丽的目的。既观花又观果的灌木，如金银木、枸骨、水栒子等，仅剪去枝条的 1/5～1/4。对观枝类灌木，如棣棠、红瑞木等，需将枝条重剪，促发新枝，因新发的鲜嫩枝条更具观赏性。

四是摘蕾。对于一些珍贵灌木树种，如紫玉兰等，移植后的当年，如开花过多，则会过度消耗养分，影响成活和生长。故应于移栽后把花蕾摘掉，并将枝条适度轻剪，保证苗木的成活。

4）苗木根系的修剪。挖苗时，铁锹会给根系带来许多伤口。如果不及时把断根上的伤口剪平剪齐，苗木定植后一旦水分过多造成土层缺氧，就会遭到腐生菌的寄生而使根系腐烂。对须根较多的花灌木来说，定植前可以用锋利的锄刀将其切齐，这样不但便于移栽，还能提高成活率。

2．树穴的挖掘

挖好树穴可提高苗木成活率，树穴是栽植苗木的立地之本。挖树穴看似简单，其实有很多的技术要求。树穴挖得科学合理，苗木生长旺盛，如挖得不合理，则苗木长势衰弱，甚至整株死亡。

（1）树穴的规格。确定树穴的大小，是挖掘树穴的第一道工序。树穴的规格根据树种根系的特点或土球的大小来确定。树穴一般应比规定根幅或土球大一些，宽度和深度预留出作业空间。一般情况下，裸根乔木的根幅以苗木胸径的 4～6 倍为宜，灌木按株高的 30% 来确定根幅，需要带土球苗木的土球直径应为苗木胸径（灌木按地径）的 6～8 倍，土球高度可按土球直径的 60%～

80％来确定。

（2）树穴的挖掘。确定穴径划圆，沿着圆边向下挖掘，挖掘时要注意树穴立面与底面垂直，上下大小一致，不可形成上大下小的锅底形，否则栽植苗木分层填土踩实时会使根系受到损伤。注意要将树穴的浅层土和深层土分开堆放。所谓浅层土是指地表以下 30 cm 内的土壤，这些土较肥沃疏松，属于熟土，在栽植时要填至树根部，对苗木生长有利。而深层土是地表 30 cm 以下的土壤，这些土土性较冷，板结而肥力不足，放置于地表经风吹日晒后，其结构会发生变化，变得疏松、肥沃。在挖树穴过程中，对于土中的砖头、瓦块及其他杂质应进行清理，土质不好还应换客土。

苗木在栽植前应提前半个月以上的时间进行挖穴，这样不仅可以使深层土进行充分的风化，而且在栽植苗木前有充足的时间进行准备工作，可以有效提高苗木栽植的成活率。

二、 树木的栽种

1．栽种的实施

栽植园林树木，以阴而无风天气为最佳，晴天时 11 时前或 15 时以后进行为好。先检查树穴的挖掘质量，并根据树体的实际情况，校正位置，给以必要的修整。

（1）回填土。因为树穴一般比树根幅和土球要深一些，故此应提前进行回填土，回填土可以是和基肥充分拌匀的土壤，也可以是素土。如果回填的是素土，为了苗木长势旺盛，也可在素土下施用一些基肥，肥料有素土间隔着，不会发生烧根。回填的底土最好呈缓山包形，即中间高，四周低，也可呈水平状，这样利于苗木栽植时根系舒展。

（2）栽植

相关链接

苗木栽植的深浅程度

1．一般栽植裸根苗，根颈部位易生不定根的树种时，或遇栽植地为排水良好的沙壤土，均可适当栽深些，其根颈（原土痕）处低于地面5～10 cm。

2．带土球苗木、灌木或栽植地为排水不良的黏性土壤均不得深栽，根颈部略低于地面2～3 cm 或平于地面。

3. 常绿针叶树和肉质根类植物，土球入土深度不应超过土球厚度的 3/5。在黏性重、排水不良地域栽植时其土球顶部至少应在表土层外，栽后对裸露的土球应填土成土包。

1）带土球苗栽植方法

①带土球苗木吊放树穴时，应选择树冠最佳面为主要欣赏方向，必须一次性妥善放置到树穴内，将苗扶正。如需要转动时，须使土球略倾斜后，慢慢旋转，切勿强拉硬扯造成土球破损。

②土球放置树穴后，要全部剪开土球包装物并尽量取出，使土球泥面与回填土密切结合。

③带土球苗栽植前，应先将表土（营养土）填入靠近土球部分，当填土 20～30 cm 时应踏实一次，大型土块要敲碎，将细土分层填入，逐层脚踏或用锹把土夯实，注意不要损伤根或土球。

④栽植后应将捆绕树冠的草绳解开，使枝条舒展。

2）裸根苗栽植方法

①裸根苗木入坑前，先将表土（营养土）填入坑穴至一个小土包，以便裸根苗木放入树穴后根系自然伸展。

②裸根苗木栽植前必须将包装物全部清除在坑外，避免日后气温升高，包装材料腐烂发热，影响根系正常生长。

③栽植裸根苗木时，在回填土回填至一半时，须将树苗向上稍微提一下，以便使根颈处与地面相平或略低于地面，用脚踏实土壤。

（3）围堰。树苗栽好后，应在树穴周围用土筑成高 15～20 cm 的土围子，其内径要大于树穴直径，围堰要筑实，围底要平，用于浇水时挡水用。

（4）浇水。栽后及时浇透水，夯实土壤。如穴底的土不实，进行浇水后，底土会发生沉降，致使苗木根系悬浮，从而使苗木出现先活后死的现象。浇水后出现土壤沉陷，致使树木倾斜时，应及时扶正、培土。浇水渗下后，应及时用围堰土封树穴，注意不得损伤根系。

2. 裹干

常绿乔木和干径较大的落叶乔木，栽植后需进行裹干，即用草绳、蒲包、苔藓等材料严密包裹主干和比较粗壮的分枝。上述包扎物具有一定的保湿性和保温性，经裹干处理后，一可避免强光直射和干风吹袭，减少树干、树枝的水分蒸发；二可储存一定量的水分，使枝干经常保持湿润；三可调节枝干温度，减少夏季高温和冬季低温对枝干的伤害。目前，有些地方采用塑料薄膜裹干，此法在树体休眠阶段使用效果较好，但在树体萌芽前应及时撤换。因为，塑料薄膜透气性能差，不利于被包裹枝干的呼吸作用，尤其是高温季节，内部热量难以及时散发而引起的高温会灼伤枝干、嫩芽或隐芽，对树体造成伤害。

3. 固定支撑

针对大规格苗，为防灌水后土塌树歪，尤其在多风地区会因树根摇动影响成活，故应进行固定支撑。常用通直的木棍、竹竿做支柱，长度因苗高而异。以能支撑树的 1/3～1/2 处为佳。一般用长 1.7～2 m，粗 5～6 cm 的支柱。支柱应于种植时埋入，也可栽后设立。注意支柱不要损伤根部。

立支柱的方式大致有单支式、双支式、三支式（见图 4—1）、连排网络形扶架（见图 4—2）和井字支式（见图 4—3）等。支法有立支和斜支，也有用铁丝等缚于树干（外垫裹竹片防缢伤树皮），拉向三面钉桩的支法，单柱斜支应支在下风方向。支柱与树相捆绑处，既要捆紧又要防止松后摇动擦伤干皮。捆缚时树干与支柱间应用草绳隔开或用草绳卷干。

图 4—1　三支式支护

图 4—2　连排网络形扶架

图 4—3　井字支式

4. 树体搭架遮阳

树木移植初期或在高温干燥季节栽植，要搭制荫棚遮阴，以降低树冠温度，减少树体的水分蒸发。体量较大的乔、灌木树种，要求全冠遮阴，荫棚上方及四周与树冠保持 50 cm 左右的距离，以保证棚内有一定的空气流动空间，防止树冠日灼危害。遮阴度应为 70% 左右，让树体接受一定的散射光，以保证树体光合作用的进行。成片栽植低矮灌木，可打地桩拉网遮阴，网高距苗木顶部 20 cm 左右。树木成活后，视生长情况和季节变化，逐步去掉遮阴物。

学习单元 2　树木的配置艺术

优美的物业绿化环境不但需要一定数量的绿化植物来装点，植物的合理搭配也非常重要，科学合理地配置树木等绿化植物往往能够收到意想不到的艺术景观效果。

树木配置就是运用乔木、灌木，通过艺术手法，充分发挥植物的形体、线条、色彩等自然美（包括把植物整形修剪成一定形体）来创作绿化植物景观。

一、 树木配置的意义

进行环境绿化必须合理地进行绿化植物配置，树木是绿化植物中的木本植物，它占据了园林中的绝大部分空间，因此绿化植物配置的关键是要搞好园林树木的配置。合理的树木搭配可以营造出非常好的景观效果，也可以对空间和视线进行划分，拓展植物在景观中的功能，科学的树木搭配可以提升环境的生态水平，提升局部自然环境的整体品质。

二、 树木配置的艺术

1. 树木配置的方式

（1）自然式。以模仿自然、强调变化为主，具有活泼、愉快、幽雅的自然情调。有孤植、丛植、群植等。

（2）规则式。多以轴线对称或成行排列，以强调整齐、对称为主，给人以强烈、雄伟、肃穆之感。有对植、列植、环植等。

2. 树木配置的方法

（1）孤植。树木单独栽植时，称孤植。孤植树表现的是树木的个体美，主要表现在以下几方面：体型巨大，树冠伸展，给人以雄伟、浑厚的艺术感染，如古银杏、香樟、广玉兰、枫杨、楝树、国槐等；姿态优美、奇特，如油松、白皮松、华山松、雪松、桧柏、合欢、垂柳、龙爪槐等；开花繁茂，果实累累，花色艳丽，给人以绚烂缤纷的艺术感染，如梅花、樱花、碧桃、紫薇、山楂、柿树、木瓜、海棠等；芳香馥郁，给人以香沁肺腑的美感，如白玉兰、广玉兰、桂花、刺槐等；具有彩色叶者，使人产生霜叶照眼的艺术感染，如乌桕、枫香、红叶李、槭树、银杏等。

（2）对植。对植指两株或两丛树木按一定轴线左右对称的栽植方式，多用于园门、建筑入口、广场或桥头的两旁。对植在园林艺术构图中只作配景，起烘托主景的作用，动势向轴线集中。

（3）丛植。组成树丛的树木通常为2～15株，若配入灌木，总数可以达到20株。树丛欣赏的是植物的群体美，但还是要注意植物的个体美。

树丛在功能上有作蔽荫用的，有作主景用的，有作诱导用的，有作配景用的。蔽荫用的树丛最好采用单纯树丛形式，一般不用灌木或少用灌木配植，通常以树冠开展的高大乔木为宜。而作为构图艺术上的主景，诱导与配景用的树丛，则多采用乔灌木混交树丛。

树丛配置的基本形式有以下几种：

1）两株配合。树木的配置在构图上应该符合多样统一的原理。两树应既有变化，又能组成不可分割的整体；树木的大小、姿态、动势可以不同，但树种要相同，或同为乔木、灌木、常绿树，动势呼应，距离不大于两树冠直径的1/2。

2）三株配合。三株配合最好选用同一树种，但大小、姿态可以不同，栽植点不在同一直线上，一般要求平面为不等边三角形；一大一小者近，中者稍远较为自然；如果选用两个树种，最好同为乔木、灌木、常绿树、落叶树，其中大、中者为一种树，中者距离稍远，小者为另一种树，与大者靠近。

3）四株配合。四株树可分为3：1两组，组成不等边三角形或四边形，单株为一组者选中偏大者为好，如四株配合，若选用两个树种，应一种树3株，另一种树1株，1株者为中或小号树，配置于3株一组中。

4）五株配合。五株树可以分为3：2或4：1两组，任何3株树栽植点都不能在同一直线上。若用两种树，株数少的2株树应分植于两组中。

（4）列植。列植是沿直线或曲线以等距的种植方式或以按照一定规律变化的种植形式。

列植形成的景观比较整齐、单纯、气势大。列植是规则式园林绿地应用最多的基本栽植形式。列植具有施工、管理方便的优点。

（5）群植。群植是将 20 株以上乔、灌木按一定的生态要求和构图方式栽植在一起。树群外缘轮廓的垂直投影，长度一般不大于 60 m，长宽比一般不大于3∶1。树群所表现的是植物的群体美，对单株树木的个体美要求不严格，但要求在群体外貌上，个体树木要起到应有的作用。

1）树群的位置。应选择在有足够面积的开阔场地上，如靠近林缘开朗的大草坪上、小山坡上、小土丘上、小岛及有宽广水面的水滨，其观赏视距至少为树高的 4 倍，树群宽的 1.5 倍以上。树群在绿化植物配置中，常作为主景或邻界空间的隔离，其内不允许有园路经过。

2）树群的类别。单纯树群是由一个树种组成，为丰富其景观效果，树下可用耐阴宿根花卉如萱草、金银花等作地被植物。混交树群具有多层结构，水平与垂直郁闭度均高的植物群体。其组成层次至少 3 层，多至 6 层，即乔木层、亚乔木层、大灌木层、小灌木层、高宿根草本层、低宿根草本层。

3）树群配置要求。群体组合要符合单体植物的生理生态要求，第一层的乔木应为阳性树；第二层的亚乔木层应为半阴性或阳性树；乔木之下或北面的灌木应为半阴或全阴性的植物；处于林缘的花灌木，有呈不同宽度的自然凹凸环状配置的，但一般多呈丛状配置，自然错落。

第 2 节　树木的灌溉与排水

学习单元 1　树木的灌溉

水分是植物生长不可缺少的生命源泉，合理的水分管理能够让树木正常生长。灌溉的目的在于补天然降雨之不足，确保供给树木以充足的水分。

一、灌溉方式

1. 人工灌溉

人工灌溉费工多，水利用效率低，但在交通不便、水源较远、设施条件较差的情况下，通常采用这种灌水方法。人工灌溉属于局部灌溉方式，灌水前最好应疏松树堰内土壤,使水容易渗透,灌溉后耙松表土,以减少水分蒸发。

2. 节水灌溉

(1)喷灌。喷灌技术目前被广泛应用于园林树木灌溉。喷灌是由管道将水送到位于绿地中的喷头中喷出,有高压和低压的区别,也可以分为固定式和移动式。固定式喷头安装在固定的地方,有的喷头安装在地表面高度,主要用于需要美观的地方。如果将喷头和水源用管子连接,使得喷头可以移动,称为移动式喷灌,将塑料管卷到一个卷筒上,可以随着喷头移动放出,也可以人工移动喷头。

喷灌的优点是:灌溉水首先是以雾化状洒落在树体上,然后再通过树木枝叶逐渐下渗至地表,避免了对土壤的直接打击、冲刷,既节约用水量,又减少了对土壤结构的破坏,可保持原有土壤的疏松状态;其次,喷灌还能迅速提高树木周围的空气湿度,控制局部环境温度的急剧变化,为树木生长创造良好条件;此外,喷灌对土地的平整度要求不高,可以节约劳力,提高工作效率。

喷灌的缺点是由于蒸发也会损失许多水,尤其在有风的天气时,而且不容易均匀地灌溉整个灌溉面积,水存留在叶面上容易造成真菌的繁殖,如果灌溉水中有化肥的话,在阳光强烈的炎热天气时会造成叶面灼伤。

(2)滴灌。滴灌是将水一滴一滴地、均匀而又缓慢地滴入植物根系附近土壤中的灌溉形式,滴水流量小,水滴缓慢入土,可以最大限度地减少蒸发损失。滴灌条件下除紧靠滴头下面的土壤水分处于饱和状态外,其他部位的土壤水分均处于非饱和状态,土壤水分主要借助毛管张力作用入渗和扩散。滴灌水压低、节水,可以用于对生长不同植物的地区,对每棵植物分别灌溉,但对坡地需要有压力补偿,用计算机可以依靠调节不同地段的阀门来控制,关键是控制调节压力和从水中去除颗粒物,以防堵塞滴灌孔。水的输送一般用塑料管,应该是黑色的,或覆盖在地膜下面,防止生长藻类,也防止管道由于紫外线的照射而老化。

二、 浇灌要求

1. 浇灌时间

抗旱灌水往往受设备及人力的限制,必要时应进行区分灌溉,按需水的程度进行浇灌。新栽的树木、小苗、灌木、阔叶树应优先灌水,因为新植树木、小苗、灌木的树根较浅,抗旱能力较差;阔叶树蒸腾量大,需水量也大,在同样干旱的条件下要优先灌水。栽植多年的树木、针叶树可后浇灌。夏季多是树木生长的旺季,需水量很大。但中午阳光直射、气温升高时,最好不要浇灌温度太低的冷水,否则会造成根部吸水困难,引起生理干旱,甚至会出现临时萎蔫。其他季节不同时间的灌溉区别不大,但冬季灌水应安排在中午进行。

2. 灌水量

灌水量同样受多方面因素影响,不同树种、不同的植株大小、不同的物候状况、不同的气候条件及不同的土质等,都可以决定灌水量的多少。在进行灌溉时应灌饱灌足,切忌表土打湿而底土仍然干燥。适宜的灌水量一般以达到土壤最大持水量的 60%～80% 为宜,可以在树木生长地安置张力计,灌水量和灌水时间均可由真空计器的读数表示出来。正确把握灌水量极为重要,通常浇水时,令其渗透到植物根系层即可,例如已达花龄的乔木,大多应水渗至 80～100 cm 深处;而小灌木一般水渗至 10～20 cm 就能满足其需求。

 **学习单元 2 树木的排水**

树木的排水是指将树木根部土壤中多余的水分排出,以提供适宜的根部生长环境的活动。

一、 树木排水的作用

排水是防涝保树的主要措施。土壤水分过多、氧气含量不足,根系呼吸受到抑制,吸收机能减退;严重缺氧时,根系进行无氧呼吸,容易积累酒精,从而使蛋白质凝固,引起根系死亡。从排水角度来看,也要根据树木的生态习性、忍耐水涝的能力决定排水措施,如白玉兰、梅花、梧桐耐水力较弱,若遇水涝淹没地表,就必须尽快排出积水,否则不过 3～5 天即会死亡;而对于柽柳、垂柳、水松、池杉等树种,能耐 3 个月以上深水淹浸,短期内不排水也不会影响植株生长。

二、 树木排水的方法

1. 树木排水的主要方法

(1) 地面排水。开建绿地时,首先要考虑排水问题。应将实施工程的地面整成一定坡度(一般掌握在 0.1%～0.3%),要求不留坑洼死角,以保证雨水能从地面顺畅流到河、湖、下水道而排走，这是绿地最常用、最经济的排水方法。

（2）明沟排水。在地表面挖明沟，将低洼处积水引至出水处（河、湖、下水道）。此法适用于大雨后抢救性排除积水，或地势高低不平，难以形成地表径流的绿地。明沟排水沟底坡度一般以 0.2% ～0.5% 为宜。

（3）暗管沟排水。在地下设暗管或用砖石砌沟，借以排除积水。暗管沟排水的优点是沟道不占地面，但设备和修筑费用较高。

2. 树木排水方法的选择

选择排水方式应考虑以下因素。

（1）经济条件。根据预算金额，合理安排排水系统的设计建造，做到经济实用。

（2）自然条件。根据当地的降雨量测算降水量进行设计建造。

（3）发展性原则。如果后期浇灌范围还会有扩展，那么在设计排水系统时要考虑好后续的衔接问题。

第3节　树木的修剪与造型

 **学习单元 1　树木的修剪**

修剪是指对植株的某些器官如茎、枝、叶、花、果、芽、根等部位进行剪截或剪除的措施。对树木进行适当修剪，是一项很重要的养护管理技术。修剪可以调节树势，保持合理的树冠结构，形成优美的树姿，构成有一定特色的园景。在街道绿化中，通常要通过修剪措施解决地上电缆和管道与树木之间的矛盾。在有台风侵扰的地区，修剪措施可以减少风害，防止倒伏。

一、　修剪的原则

1. 根据绿化要求

不同的修剪、整形措施会带来不同的效果，不同的绿化目的有其特殊的修剪整形要求，因此，首先应明确某一具体树木在园林绿化中的目的。例如，圆柏在草坪上孤植观赏与培育用材林，就有完全不同的修剪整形要求，整剪方法也各异，至于作为绿篱则更是大有差别了。

2. 根据树种的生长发育习性

树种不同，其分枝方式、干性、层性、顶端优势、萌芽力、发枝力等生长习性也有很大差异。修剪时必须尊重和顺应不同树种的生物学特性。树种的生长发育习性明确后，具体整形修剪时必须根据树种的生长发育习性来实施，否则会事与愿违。一般应注意以下两方面问题：

（1）树种的生长发育和开花习性。不同树种的生长习性有很大差异，必须采用不同的修剪整形措施。例如，很多呈尖塔形、圆锥形树冠的乔木，如钻天杨、圆柏等，顶端优势特别强，形成明显的主干与主侧枝的从属关系，对此类树种就该采用保留主干的整形方式，使之呈圆柱形、圆锥形。对一些顶端优势不强但发枝力很强、易于形成丛状树冠者，如桂花、栀子、榆叶梅、毛樱桃等，可修剪整形成圆球形、半球形等形状。

对喜光的阳性树种，如梅、桃、樱、李等，如果为了多结实，则宜采用自然开心形的修剪整形方式。而像龙爪槐、垂枝梅等，则应采用蟠扎主枝为水平圆盘状的方式，使树冠呈开张伞形。

各种树种所具有的萌芽力、发枝力和愈伤能力的强弱，与耐修剪力有很大关系。萌芽力、发枝力强的树种，大都能耐多次修剪，例如水蜡、悬铃木、大叶黄杨、圆柏、女贞等。相反，萌芽力、发枝力弱或愈伤能力弱的树种，如梧桐、桂花、玉兰、枸骨等，则应少修剪或轻修剪。

园林中要经常运用修剪、整形技术来调节植株各部位枝条的生长状况，以保持树冠的均衡，这就必须根据植株上主枝和侧枝的生长关系来运作。

在同一植株上，主枝越粗壮则新梢就越多，新梢多则叶面积大，制造有机养分及吸收无机养分的能力也越强，因而使主枝生长更粗壮。反之，相对较弱的主枝则因新梢少、营养条件差而生长逐渐衰弱。欲借修剪措施来使各主枝间的生长势趋于均衡则应对强主枝加以抑制，使养分转至弱主枝上来。故整剪的原则是对强主枝强剪（即留得短些）、弱主枝弱剪（即留得长些），这样就可调节生长，使之逐渐趋于均衡。

侧枝修剪应掌握的原则是对强侧枝弱剪、弱侧枝强剪。这是由于侧枝是开花结实的基础，侧枝如果生长过强或过弱时，均不易转变为花枝，所以对强者弱剪可产生适当的抑制生长作用，集中养分，使之有利于花芽的分化。对弱侧枝强剪，则可使养分高度集中，并借顶端优势的刺激而发出强壮的枝条，从而获得调节侧枝生长的效果。

不同树种的花芽着生和开花习性有很大差异，有的先花后叶，有的先叶后花，有的是单纯的花芽，有的是混合芽，有的花芽着生于枝的中下部，有的着生于枝梢。这些差异均是在进行修剪时应予以考虑的因素，否则很可能造成不利后果。

（2）遵循树木生命周期的生长发育规律。任何树木在其生命周期中，总是遵循离心生长—离心裸秃—向心更新的生长程序。修剪的目的就是为了适应与控制树木不同年龄时期生命周期所表现的各种生长变化规律，延长离心生长的生命活动周期，控制过早出现离心裸秃，因势利导，利用向心更新规律维持和造就新的树冠，并保持其树冠的圆整和整个树体的生命周期。

植株处于幼年期时，由于具有旺盛的生长势，所以不宜进行强修剪，否则会使枝条不能在秋季充分成熟，降低抗寒力，也会带来延迟开花年龄的后果。所以，对幼龄小树除特殊需要外，只宜弱剪，不宜强剪。

成年期树木正处于旺盛的开花结实阶段，此期树木具有优美完整的树冠，这个时期的修剪整形目的在于保持植株的健壮完美，使开花结实和丰产、稳产能持续保持下去。关键在于配合其他管理措施，综合运用各种修剪方法以达到调节均衡的目的。

衰老期树木，因生长势衰弱，每年的生长量小于死亡量，修剪时应以强剪为主，以刺激其恢复长势，并应善于利用徒长枝来达到更新复壮的目的。

3. 遵循园林树木的修剪反应规律原则

一棵树就是一个生命系统，不同器官之间既有各自功能又有密切联系，既互相促进又互相制约。树木修剪必须遵循顺应树木整体性及各器官生长发育的相关性原则，协调平衡这些关系。园林树木冬季修剪的主要方法有短截、缩剪、疏剪和缓放，由于枝条的生长势、生长部位、生长姿态及修剪强度的不同，其修剪反应差异很大。修剪时必须深入观察、研究上述综合因子，遵循树木修剪反应规律，慎重修剪，才能达到理想的修剪目的。此外，还必须考虑到园林树木生长的立地条件和周边环境对树木修剪反应的影响。

4. 根据树木生长的环境条件特点

人工栽植的观赏树木，栽植初期只是一种群聚关系，只有经过长期的生长栽培和外界环境的作用才能逐步形成具有一定种类组成、一定外貌的植物群落。

各种树木在植物群落中趋于形成各就其位、各得其所的生态位。在修剪过程中必须重视植物群落结构，在外貌、色彩、线条等方面处理得丰富多样、美观协调，具有一定的艺术性和观赏性。要按照群落整体结构要求，合理进行整形修剪，遵循植物群落中各树种的生态位原则。

由于树木的生长发育与环境条件具有密切关系，因此，即使具有相同的园林绿化目的，但由于条件不同，在具体修剪整形时也会有所不同。例如，同是一株孤植的乔木，在土地肥沃处以自然式为佳；在土壤瘠薄地点则应适当降低分枝点，使主枝在较低处即开始构成树冠；在多风处，主干也应降低高度，并使树冠适当稀疏。

总之，应通过合理的整形修剪达到树木整体生长的促进和局部的抑制作用，以提高园林树木个体及群体的生态效果。

二、　修剪的时期

园林树木的整形修剪，因树种不同、修剪目的不同和修剪性质不同，各有其相适宜的修剪季节。

落叶树木一般说来，自晚秋至早春，即在树木休眠期的任何时段皆可进行修剪。但从伤口愈合速度上考虑，则以早春树液开始流动时进行修剪为佳。

有些落叶阔叶树，如枫杨、薄壳山核桃、杨树等，冬春修剪伤流不止，极易引发病害，所以，此类树木的整形修剪宜在生长旺盛季节进行，伤流能很快停止。绿篱、球形树的整形修剪，通常应在晚春和生长季节的前期或后期进行。

一般花木如月季、山茶等，除更新修剪外，通常是结合嫩枝扦插在生长初期或花后进行修剪。为培养合轴分枝类树木的高干树形，要经常控制竞争枝生长而对它重度短截，最好在 6—7 月新梢生长旺盛时期进行。

为了促进某些花果树新梢生长充实，形成混合芽或花芽，则应在树木生长后期进行修剪。具体修剪时期选择合适，既能避免二次枝的发生，又能使剪口及时愈合。常绿树木、常绿阔叶树木尤其是常绿花果树，如桂花、山茶、柑橘之类，不存在真正意义的休眠期，根与枝叶终年活动，故叶片制造的养分不完全用于储藏，当剪去枝叶时，其中所含养分也同时丢失，且对日后树木生长发育及营养状况也有较大影响。因此，修剪除了要控制强度，尽可能使树木多保留叶片外，还要选择好修剪时期，力求让修剪给树木带来的不良影响降至最低。

通常在晚春树木即将发芽萌动之前是修剪的适宜期。常绿针叶树类的修剪，早春进行可获得部分扦插材料。6—7 月生长期内进行的短截修剪，则可培养紧密丰满的圆柱形、圆锥形或尖塔形树冠，同时剪下的嫩枝可用于嫩枝扦插。至于树冠内的细密枝、干枯枝、病虫枝等修剪一年四季都可进行。

不同树种的抗寒性、生长特性及物候期都影响它们的修剪时期。总的来说，整形修剪大体上可分为休眠期修剪（又称冬季修剪）和生长期修剪（又称春季或夏季修剪）两个时期。前者视气候而异，一般自土地结冻树木休眠后至翌春树液开始流动前进行。抗寒力差的种类最好安排在早春修剪，以免伤口遭受风寒伤害。对伤流特别旺盛的种类，如桦木、葡萄、复叶槭、核桃、悬铃木、四照花等不可修剪过晚，否则会自伤口流出大量树液而使植株受到伤害。生长期修剪是自萌芽后至新梢或副梢延长生长停止前这一段时期内所进行的修剪，具体日期会因当地气候及树种而异，但不要过迟，否则容易促发新的副梢，不但消耗养分，而且不利于当年新梢的充分成熟。

三、 修剪的方法

1. 休眠期的修剪

（1）截干。对干茎或粗大的主枝、骨干枝等进行截断的措施称为截干。截干有促进树木更新复壮的作用。在截除粗大的侧生枝干时，应先用锯在粗枝基部的下方，由下向上锯入 1/3～2/5，然后再自上方基部略前方处从上向下锯下，这样可以避免劈裂。最后再用利刃将伤口沿枝条基部切削平滑，并涂上护伤剂，以免病虫侵害和水分散失。平滑的伤口有利于伤口的愈合。护伤剂可以用蜡、白涂剂、桐油或油漆以及专用伤口涂补剂等。

（2）剪枝。这是修剪中最常应用的措施。依修剪的方式可分为疏剪及剪截两类。前者是将整个枝条自基部完全剪除，不保留基桩和芽。后者则是仅将枝条剪去一部分而保留基部几个芽。剪截又依程度不同而分为短剪（又称重剪或强剪）和长剪（又称轻剪或弱剪）。短剪即剪除整个枝条长度的 1/2 以上；长剪即剪除部分不足全长的 1/2。

疏剪可使邻近的其他枝条生长势加强，并可改善通风透光效果。强剪可使所保留下的芽得到较强的生长势，弱剪后生长势的增强作用较强剪小。

当然这种刺激生长的影响是仅就一根枝条而言的。实际上，各芽所表现出的生长势的强弱还受邻近枝以及上一级枝条和环境条件的影响。剪枝是修剪中的主要技术措施，一般在休眠期进行。

剪枝措施对树木生长发育的影响表现在两方面：一是对局部的影响。剪枝后，生长点减少，翌春发芽时可使留存下来的芽得到更多养分和水分供应，因而新梢的长势会得到加强。又由于剪枝的方法和强弱程度不同，可以有效调节各枝间的长势。实行剪截的植株，由于生长点降低，故前级枝与新梢间的距离缩短，故有避免树冠内部空虚的作用。二是对全株的影响。对同一种树木进行修剪与不修剪的对比试验结果表明，修剪量的大小对全株生长发育影响很大，但反应的程度则因树种而异。

成年树年年修剪后虽然树高不如未经修剪的树，但能达到年年开花繁茂、果实丰产及延长结果年限和保持树冠完整等目的。对施行自然式整形的庭荫树而言，适当疏去冗枝等轻度修剪可促进树木的生长。对衰老树的修剪，尤其是进行重度修剪，能收到更新复壮的效果。

2. 生长期的修剪

（1）折裂。为防止枝条生长过旺或为了曲折枝条使其形成各种苍劲的艺术造型时，常在早春芽略萌动时对枝条施行折裂处理。较粗放的方法是用手将枝折裂，但对珍贵的树木进行艺术造型处理时，应先用刀斜向切入，深及枝条直径的 1/2～2/3，然后小心地将枝弯折，并利用木质部折裂处的斜面互相顶住。要精细管理并对切口处涂泥，以免伤口水分过多散失。

（2）除芽（抹芽）。把多余的芽除掉称为除芽。此项措施可改善其他留存芽的养分状况而加强其生长势。也有将主芽除去而使副芽或隐芽萌发的，这样可抑制过强的生长势或延迟发芽期。

（3）摘心。将新梢顶端摘除的措施称为摘心。摘除部分长为 2～5 cm。摘心可抑制新梢生长，使养分转移至芽、果或枝条，有利于花芽分化、果实肥大或枝条充实。但摘心后，新梢上部的芽易萌发成二次梢，可待其生出数片叶后再行摘心。

（4）捻梢。将新梢屈曲而扭转但不使其断离母枝的措施称捻梢。此法多在新梢生长过长时应用。用捻梢法所产生的刺激作用较小，不易促发副梢，缺点是扭转处不易愈合，以后尚须再剪一次。此外，也有用折梢法，即用折伤新梢而不折断的方法代替捻梢。

（5）屈枝（弯枝、缚枝、蟠扎）。将枝条或新梢施行屈曲、缚扎或扶立等诱引措施称为屈枝。由于芽、梢的生长存在顶端优势，故运用屈枝法可以控制该枝梢或其上芽的萌发作用。直立诱引可增强生长势；水平诱引则有中等的抑制作用；向下方屈曲诱引，则有较强的抑制作用。在一些绿地中，重点园景中常用此法，将树木蟠扎成各种艺术造型。

（6）摘叶（打叶）。适当摘除过多的叶片称为摘叶。摘叶有改善通风透光的作用，能使果实充分见光而着色良好，在密植的群体中施行该措施，有防止病虫滋生等作用。

（7）摘蕾。采用摘除侧蕾而使主蕾能更充分生长，花开丰满。对一些观花树木，在花谢后常进行摘除枯花工作，不但能改善观赏效果，又可避免因结实消耗过多养分。

（8）摘果。为使枝条生长充实，避免养分过度消耗，常将幼果摘除，如对月季、紫薇等，为使其连续开花，必须时时剪除果实。当以采收果实为目的时，为使果实肥大、提高品质或避免出现"大小年"现象，也常常摘除适量果实。

3. 随时施行的修剪

（1）去蘖。去蘖是除去植株基部附近的根蘖或砧木上萌蘖的措施，使养分集中供应植株，促进生长发育。

（2）切刻。在芽或枝的附近施行刻伤，以深达木质部为度。当在芽或枝的上方进行切刻时，由于养分、水分受伤口的阻隔而集中于该芽或该枝条，可使其生长势得到加强。当在芽或枝的下方切刻时，则使其生长势减弱，但由于有机营养物质的积累，能使枝、芽更加充实，有利于加粗生长和花芽的形成。切刻越深越宽，作用也越强。

（3）纵伤。即在枝干上用刀纵切，深及木质部。其作用是减少树皮的束缚力，有利于枝条的加粗生长。细枝可纵伤一条，粗枝可纵伤数条。

（4）横伤。横伤是对树干或粗大主枝用刀横砍数处，深及木质部。其作用是阻滞有机养分下运，可使枝干充实，有利于花芽的分化，能达到促进开花结实和丰产的目的。此法常在枣树上应用。

（5）环剥（环状剥皮）。在干枝或新梢上，用刀或环剥器切剥掉一圈皮层组织，功能同横伤，但作用要强得多。环剥的宽度一般为 2～10 mm，视枝干的粗细和树种的愈伤能力、生长速度而定。但切忌过宽，否则长期不能愈合会对树木生长不利。应注意的是，对伤流过旺或易流胶的树种不宜应用此项措施。

（6）断根。将植株的根系在一定范围内全部或部分切断，有抑制树冠生长过旺的特效。断根后可刺激根部发生新的须根，有利于移植成活。在珍贵苗木出圃前或进行大树移植前，常应用断根措施。此外，也可利用对根系的上部或下部的断根，促使根部分别向土壤深层或浅层发展。

四、 修剪的注意事项

大型树木修剪前，树冠滴水线外围要设立警戒线，树立警示标语，并有专人看护。修剪工具应无锈、锋利，修剪后注意对伤口进行消毒。绿化工人在作业前做好机械的使用培训和安全培训，作业时穿戴好防护用具。修剪作业前观察天气情况，气象条件良好时作业。修剪后要将剪下的叶、枝条清理干净。

学习单元 2　树木的造型

造型是指对植株施行一定的修剪措施，使之形成某种树体结构形态的管理技术。一般为采用修剪、盘扎等措施，使园林树木育成预期优美形状的技艺。经过造型的树木，称为造型树。物业绿化中恰当地应用树木造型，可收到良好的艺术效果。

一、 树木造型的意义

树木造型，是植物栽培技术和园林艺术的巧妙结合，也是利用植物进行造园的一种独特手法。通过对园林树木进行艺术造型，能够打造特色林木的新形象，以美取胜，让人们同时得到自然美和艺术美的享受，促使物业绿化从传统的粗放型配置向精细的栽植方式转变。

园林树木资源十分丰富，种类众多，栽植中通过造型可以充分利用这些资源。因自然条件的限制，部分园林树木的栽植受到了一定的限制，但也有不少的种类，可以用于造型，并生长良好易于发展。如玫瑰、野蔷薇、榆叶梅、小叶丁香、黄刺玫、小檗等花灌木以及榆树、桃叶卫矛、山定子等树生长良好、抗性强，应该加以发展和充分利用。特别是榆树，寿命长、枝细叶小、萌芽力和成枝力均强，极耐修剪，是造型的理想树种，可充分利用。通过造型制作各种动物形象或各种姿态优美的树种，以增添艺术色彩。垂榆树冠外形美观，也有很大的利用价值。正确的利用与合理布局结合起来，一定能为物业绿化增加色彩，丰富内容。

二、 树木造型的艺术

1. 树木造型艺术理论

树木造型的形式多种多样，应根据树木造型的用途、作品创作的历史时期、社会的风俗习惯、个人的学识风格、美学原理等不同角度进行研究、分析，从理论上把握造型形式。

2. 树木造型艺术技巧

（1）单体式造型。单株的园林观赏树小的造型，有自然式、象形式、几何式、抽象式等。

1）自然式造型。依据自然姿态的植物本身的树形特点，适当美化造型，或是模仿自然姿态的植物而对其他植物进行造型。如表现垂柳娴娜的垂枝形；黄山松苍翠婆娑的风致形；雪松挺拔苍劲的塔形；还有梅花虬曲刚劲的曲枝形；合欢、楝树的伞形；钻天杨、龙柏的圆柱形；毛白杨、桂花的卵圆形；千头柏、刺槐的倒卵形、瓜子黄杨、黄刺玫的圆球形；馒头柳、栎树的半球形；铺地柏、平枝栒子的匍匐形；连翘、迎春的拱形等。

自然式造型还可以通过嫁接等园艺栽培手法，使观赏植物原本不具有的形态改变成其他多姿多彩的自然形态，且具观赏性、艺术性。如对灌木月季通过高干芽接，接穗可用聚花月季或微型品种，再经栽培、修剪，可以造型成冠状的、球状的、塔状的、伞状的"乔木"树状月季，使其形态美感源于自然而高于自然。

2）象形式造型。通过对枝叶茂密、耐修剪、萌芽力强、枝条较柔软的一类观赏树木进行蟠扎、修剪、培育，造型成龙、牛、羊、孔雀等动物形状和台、凳、沙发、亭、塔、桥等实物、建筑形式。

3）几何式造型。根据观赏树木特点，将其修剪成圆柱形、球形、梯形等立体几何形态。

4）抽象（寓意）式造型。如对结香、紫薇、女贞等树木通过打结、编绕等方法，造型成抽象的"喜""寿""福""禄"等字体、图案等，有幸福、吉祥、好运、发财等寓意。

（2）双体或多体式造型。将两株或几株相同的观赏树木以一定距离或靠接在一起栽种，造型成拱门、葫芦、花瓶等，或产生双干（多干）同株、连理枝等特殊形状，象征吉祥如意、国泰民安、夫妻和睦、相亲相爱等。

（3）群体式造型。即将多株观赏植物密植成不同形状，其主要形式是整形绿篱。根据对绿篱修剪的形状、高度等不同，一般有单层式、双层式及多层式绿篱；根据绿篱修剪造型的断面形状可分为方形篱、梯形篱、圆顶篱及波浪形、长城形、锯齿形绿篱等。

不同绿篱组合造型及绿篱与观叶篱、观花篱、观果篱配合色块造型，将会产生更富有变化的装饰图案和丰富多彩的艺术造型。

观赏树木又可借助其他构件、垣壁进行造型，产生窗格、干柱、绿瑞、壁龛、迷园等墙型形式。通过多种技术手段，还可形成各种绿色雕塑。

第 4 节　树木的施肥

 ## 学习单元 1　树木施肥的含义

　　当土壤不能提供植物生长发育所需的营养时，对植物进行人为的营养元素的补充行为称为施肥。施肥旨在通过人工补充养分提高土壤肥力，满足植物生长需要。

一、　施肥的意义

　　树木定植后，在栽植地生长多年甚至上千年，主要靠根系从土壤中吸收水分和无机盐，以供正常生长需要。由于树根所能伸及范围内，土壤中所含的营养元素氮、磷、钾以及一些微量元素数量是有限的，吸收时间长了，土壤的养分就会不足，不能满足树木继续生长的需要。另外，园林树木一般生长在城市中，枯枝落叶不是被扫走，就是被烧毁，归还给土壤的数量很少；地面铺装及人踩车压土壤，地表营养不易下渗，根系难以利用；加上地下管线、建筑地基的构建，减少了土壤的有效容量，限制了根系的吸收面积；此外，随着绿化水平的提高，乔、灌、草多层次植物的配置，更增加了养分的消耗和树种的竞争。凡此种种，都说明了适时、适量补充树木营养元素是十分重要的。

　　施肥可以改良土壤性质，特别是施用有机肥料，可以提高土壤温度，改善土壤结构，使土壤疏松并提高透水、通气和保水性能，有利于树木根系生长。施肥在供给树木生长所必需的养分的同时，为土壤微生物的繁殖与活动创造有利条件，进而促进肥料分解，改善土壤的化学反应，使土壤盐类成为可吸收状态，有利于树木生长。

二、　肥料的种类

1. 化学肥料

化学肥料又称为化肥、矿质肥料、无机肥料，是用物理或化学工业方法制

成的，其养分形态为无机盐或化合物。某些有肥料价值的无机物质，如草木灰，虽然不属于商品性化肥，但习惯上也列为化学肥料。还有些有机化合物及其缔结产品，如硫氰酸钙、尿素等，也常被称为化肥。化学肥料种类很多，按植物生长所需要的营养元素种类分类，可分为氮肥、磷肥、钾肥、钙肥、镁肥、硫肥、微量元素肥料、复合肥料、草木灰、农用盐等。

化学肥料大多属于速效性肥料，供肥快，能及时满足树木生长的需要，化学肥料还有养分含量高、施用量少的优点。但化学肥料只能供给植物矿质养分，一般无改土作用，养分种类也比较单一，肥效不能持久，而且容易挥发、流失或发生强烈的固定，降低肥料的利用率。所以，绿化养护上一般以追肥形式使用，且不宜长期单一施用化学肥料，应以化学肥料和有机肥料配合施用，否则对树木和土壤都是不利的。

2. 有机肥料

有机肥料是指含有丰富有机质，既能提供植物多种无机养分和有机养分，又能培肥改土的一类肥料，其中绝大部分为就地取材自行积制。有机肥料来源广泛、种类繁多，常用的有粪尿肥、堆沤肥、饼肥、泥炭、绿肥、腐殖酸类肥料等。虽然不同种类有机肥的成分、性质及肥效各不相同，但有机肥大多有机质含量高，有显著的改良土壤作用，含有多种养分，有完全肥料之称，既能促进树木生长，又能保水保肥；而且其养分大多为有机态，供肥时间较长。不过，大多数有机肥养分含量有限，尤其是氮含量低，肥效来得慢，施用量也相当大，因而需要较多的劳动力和运输力量，此外，施用有机肥时对环境卫生也有一定不利影响。针对以上特点，有机肥一般以基肥形式施用，施用前必须采取堆积方式使之腐熟，其目的是为了快速释放养分，提高肥料质量及肥效，避免肥料在土壤中腐熟时产生某些对树木不利的物质。

3. 微生物肥料

微生物肥料也称为生物肥、菌肥、细菌肥及接种剂等。确切地说，微生物肥料是菌而不是肥，因为它本身并不含有植物需要的营养元素，而是通过含有的大量微生物的生命活动来改善植物的营养条件。依据生产菌株的种类和性能，微生物肥料大致有根瘤菌肥料、固氮菌肥料、磷细菌肥料及复合微生物肥料等几大类。根据微生物肥料的特点，使用时应注意：一是使用菌肥需具备一定的条件，才能确保菌种的生命活力和菌肥的功效，而强光照、高温、接触农药等都有可能杀死微生物；二是固氮菌肥要在土壤通气条件好、水分充足、有机质含量稍高的条件下才能保证细菌的生长和繁殖；三是微生物肥料一般不宜单独施用，一定要与化学肥料、有机肥料配合施用，才能充分发挥其应有作用，而且微生物生长、繁殖也需要一定的营养物质。

 # 学习单元 2　树木施肥的技术

合理施肥是指在一定的气候和土壤条件下，为栽培树木所采用的正确的施肥措施，包括有机肥料和化学肥料的配合、各种营养元素的比例搭配、化肥品种的选择、经济的施肥量、适宜的施肥时期和施肥方法等。合理施肥所要求的两个重要指标是提高肥料利用率和提高树木综合效益的发挥。

一、　合理施肥的原则

1. 根据树种合理施肥

树木需要的肥料与树种及其生长习性有关。例如泡桐、杨树、重阳木、香樟、桂花、茉莉、月季、茶花等树种生长迅速、生长量大，比柏树、马尾松、油松、小叶黄杨等慢生耐瘠树种需肥量要大，因此应根据不同的树种调整施肥用量。

要根据树木不同用途合理施肥。树木的观赏特性以及园林用途影响其施肥方案。一般说来，观叶、观形树种需要较多的氮肥，而观花、观果树种对磷、钾肥的需求量大。调查表明，城市里的行道树大多缺少钾、镁、磷、硼、锰、硝态氮等元素，而钙、钠等元素又常过量。也有人认为，对行道树、庭荫树、绿篱树种施肥应以饼肥、化肥为主。郊区绿化树种可更多地施用人粪尿和土杂肥。

2. 根据生长发育阶段合理施肥

总体上讲，随着树木生长旺盛期的到来需肥量逐渐增加，生长旺盛期以前或以后需肥量相对较少，在休眠期甚至不需要施肥；在抽枝展叶的营养生长阶段，树木对氮素的需求量大，而生殖生长阶段则以磷、钾及其他微量元素为主。根据园林树木物候期差异，施肥方案上有萌芽肥、抽枝肥、花前肥、壮花稳果肥以及花后肥等。如柑橘类几乎全年都能吸收氮素，但吸收高峰在温度较高的仲夏；磷素主要在枝梢和根系生长旺盛的高温季节被吸收，冬季显著减少；钾的吸收主要在 5 月至 11 月。而栗树从发芽即开始吸收氮素，在新梢停止生长

后，果实肥大期吸收最多。就生命周期而言，一般处于幼年期的树种，尤其是幼年的针叶树生长需要大量的化肥，到成年阶段对氮素的需要量减少。对古树、大树供给更多的微量元素，有助于增强对不良环境因子的抵抗力。

3. 根据土壤条件合理施肥

土壤厚度、土壤水分与有机质含量、酸碱度高低以及土壤结构等均对树木的施肥效果有很大影响。例如，土壤水分含量、土壤酸碱度与肥效直接相关，在土壤水分缺乏时施肥，可能因肥分浓度过高，树木不能吸收利用而遭毒害；雨水多时养分容易被淋洗流失，降低肥料利用率；土壤酸碱度直接影响营养元素的溶解度，这些都是施肥时需仔细考虑的问题。

4. 根据气候条件合理施肥

气温和降水量是影响施肥的主要气候因子。例如，低温一方面减慢了土壤养分的转化，另一方面又削弱了树木对养分的吸收功能。试验表明，在各种元素中磷是受低温抑制最大的元素；干旱常导致缺硼、钾及磷；多雨则容易促发缺镁。

5. 根据营养诊断合理施肥

根据营养诊断结果进行施肥，能使树木的施肥达到合理化、指标化和规范化，做到树木缺什么施什么，缺多少施多少。目前在绿化养护上的广泛应用虽然受到限制，但仍须大力提倡营养诊断。

要根据养分性质合理施肥。养分性质不同，不但影响施肥的时期、方法、施肥量，而且还关系到土壤的理化性状。一些易流失挥发的速效性肥料，如碳酸氢铵、过磷酸钙等，宜在树木需肥期稍前施入；而迟效性的有机肥料，需腐烂分解后才能被树木吸收利用，故应提前施入。氮肥在土壤中移动性强，即使浅施也能渗透到根系分布层内供树木吸收利用；而磷、钾肥移动性差故应深施，磷肥宜施在根系分布层内才有利于根系吸收。化肥类肥料的用量应遵循宜淡不宜浓的原则，否则容易烧伤树木根系。事实上任何一种肥料都不是十全十美的，因此实践中应将有机与无机、速效性与缓效性、酸性与碱性、大量元素与微量元素等肥料结合施用。

二、 科学施肥的时间

肥料的具体施用时间，应视树木生长情况和季节而定，一般分为基肥和追肥。

1. 基肥的施用时期

基肥分为秋施和春施。秋施以秋分前后施入效果最好，此时正值根系又一次生长高峰，伤根后容易愈合，并可发新根；有机质腐烂分解的时间也较长，可及时为次年树木生长提供养分。春施基肥，如果有机质没有充分分解，肥效发挥较慢，早春不能供给根系吸收，到生长后期肥效才发挥作用，往往造成新梢的二次生长，对树木生长发育尤其是对花芽分化和果实发育不利。

2. 追肥的施用时期

当树木需肥急迫时就必须及时补充肥料，以满足树木生长发育的需要。具体追肥时间与树种、品种习性以及气候、树龄、用途等有关，要严格依据各生育时期的特点进行追肥，如对观花、观果树木，花芽分化期和花后的追肥比较重要。对大多数园林树木来说，一年中生长旺期的抽梢追肥是必不可少的。追肥次数，对于一般初栽 2～3 年内的花木、庭荫树、行道树以及重点观赏树种，每年有必要在生长期进行 1～2 次追肥。至于具体时期则须视情况合理安排，灵活掌握。树木有缺肥症状时可随时进行追肥。

三、 科学施肥的方法

1. 传统施肥法

施肥效果与施肥方法有密切关系，而土壤施肥方法要与树木的根系分布特点相适应。应把肥料施在距根系集中分布层稍深、稍远的地方，以利于根系向纵深扩展，形成强大的根系，扩大吸收面积，提高吸收能力。

具体施肥的深度和范围与树种、树龄、砧木、土壤和肥料性质有关。如油松、胡桃、银杏等树木根系强大，分布较深远，施肥宜深，范围也要大一些；根系浅的悬铃木、刺槐及矮化砧木施肥应较浅；幼树根系浅，根分布范围也小，一般施肥范围较小而浅。随树龄增大，施肥时要逐年加深和扩大施肥范围，以满足树木根系不断扩大的需要。沙地、坡地、岩石缝易造成养分流失，施基肥要深些，追肥应在树木需肥的关键时期及时施入，每次少施，适当增加次数，即可满足树木的需要，又减少了肥料的流失，各种肥料元素在土壤中移动的情况不同，施肥深度也不一样，如氮肥在土壤中的移动性较强，即或浅施也可渗透到根系分布层内，被树木吸收；钾肥的移动性较差，磷肥的移动性更差，所以，宜深施至根系分布最多处。同时，由于磷在土壤中易被固定，为了充分发挥肥效，施过磷酸钙或骨粉时，应与圈肥、厩肥、人粪尿等混合堆积腐熟后施用，效果较好。基肥因发挥肥效较慢，应深施，追肥肥效较快，则宜浅施，供树木及时吸收。

具体施肥方法有环状施肥、放射沟施肥、条沟状施肥、穴施、撒施、水施等。

2. 根外施肥法

根外追肥也叫叶面喷肥，我国各地早已广泛采用，并积累了不少经验。近年来由于喷灌机械的发展，大大促进了叶面喷肥技术的广泛应用。

叶面喷肥简单易行，用肥量小，发挥作用快，可及时满足树木的急需，并可避免某些肥料元素在土壤中的化学和生物的固定作用。尤以在缺水季节或缺水地区以及不便施肥的地方，均可采用此法。但叶面喷肥并不能代替土壤施肥。据报道，叶面喷氮素后，仅叶片中的含氮量增加，其他器官的含量变化较小，这说明叶面喷氮在转移上还有一定的局限。而土壤中施肥的肥效持续期长，根系吸收后，可将肥料元素分送到各个器官，促进整体生长；同时向土壤中施有机肥后，又可改良土壤，改善根系环境，有利于根系生长。但是土壤施肥见效慢，所以，土壤施肥和叶面喷肥各具特点，可以互补不足，如能运用得当，可发挥肥料的最大效用。

叶面喷肥主要是通过叶片上的气孔和角质层进入叶片，而后运送到树体内和各个器官：一般喷后 15 分钟到 2 小时即可被树木叶片吸收利用。但吸收强度和速度则与叶龄、肥料成分、溶液浓度等有关。由于幼叶生理机能旺盛，气孔所占面积较老叶大，因此较老叶吸收快。叶背较叶面气孔多，且叶背表皮下具有较松散的海绵组织，细胞间隙大而多，有利于渗透和吸收，因此，一般幼叶较老叶、叶背较叶面吸收快，吸收率也高。所以在实际喷布时一定要把叶背喷匀、喷到，使之有利于树木吸收。叶面喷肥要严格掌握浓度，以免烧伤叶片，最好在阴天或上午 10 时以前和下午 4 时以后喷施，以免气温高，溶液很快浓缩，影响喷肥或导致药害。

四、 施肥的注意事项

1. 平衡施肥

通过平衡施肥可以为树木创造一个全面营养的环境，以满足其任何生长期的营养需求，从而达到优质、高产、降本、增效的目的。平衡施肥的技术核心就是各种营养元素科学搭配，将有机肥、无机肥、矿物质肥及生物肥合理施用。

平衡施肥技术的推广应用，一要改变以往的盲目施肥为定量施肥；二要改变传统的单一施肥为多元施肥；三要改变过去的注重无机肥施用为有机与无机相结合，以达到保持土壤肥力，提高化肥利用率，减少土壤、环境、植物污染，提高品质、节本增效的目的。

有机与无机相结合的科学施肥必须以有机肥料为基础。增施有机肥料可以增加土壤有机质含量，改善土壤理化生物性状，提高土壤保水保肥能力，增强土壤微生物活性，促进化肥利用率的提高。因此，必须坚持多种形式的有机肥料投入，才能够培肥地力，实现可持续发展。

2. 科学施肥

由于树木根群分布广，吸收养料和水分全在须根部位，因此，施肥要在根部的四周，不要靠近树干。根系强大，分布较深远的树木，施肥宜深，范围宜大，如油松、银杏、臭椿、合欢等；根系浅的树木施肥宜较浅，范围宜小，如法桐、紫穗槐及花灌木等。

有机肥料要充足发酵、腐熟，切忌用生粪，且浓度宜稀，化肥必须完全粉碎成粉状，不宜成块施用。氮肥在土壤中移动性较强，所以应浅施渗透到根系分布层内，被树木吸收；钾肥的移动性较差，磷肥的移动性更差，宜深施至根系分布最多处。基肥因发挥肥效较慢应深施，追肥肥效较快，则宜浅施，供树木及时吸收。

选择肥料种类和施肥方法时，应考虑到不影响树木的施肥时间。沙地、坡地、岩石易造成养分流失，施肥要深些。施肥后（尤其是追化肥），必须及时适量灌水，使肥料渗入土内。

第5节　树木的防寒和防护

学习单元 1　树木的防寒

我国北方地区冬季严寒、干燥多风，会使一些不太耐寒的树种在冬季至早春遭受冻害或造成"生理干旱"（又叫冻旱、冷旱或冬旱），使局部枝条枯干。轻则部分枝条受害，重则会全株死亡。为使树木安全越冬，必须了解低温危害的原因，并采取必要的措施。

一、 树木冻害的原理与表现

低温对树木伤害主要的生理原因有两个方面：一是冻害环境温度降到 0℃ 以下，细胞间隙的水出现结冰现象，导致细胞结构受损；二是生理干旱，北方常发生在暖冬或小气候好的特殊环境，其特点是环境气温高，树木开始代谢活动，而根部地温低甚至处于冻土层，完全没有供水能力，导致枝叶严重失水现象发生。

1. 根系冻害

因根系无自然休眠，抗冻能力较差。靠近地表的根易遭冻害，尤其是在冬季少雪、干旱的沙土之地，更易受冻。根系受冻，往往不易及时发现。如春天已见树枝发芽，但过一段时间，突然出现死亡，大多是因根系受冻造成。因此冬春季节要做好根系越冬保护工作。

2. 根颈冻害

在一年中根颈停止生长最迟，进入休眠期最晚，而开始活动和解除休眠又较早，因此在温度骤然下降的情况下，根颈未经过很好的抗寒锻炼，同时近地表处温度变化剧烈，因而容易引起根颈的冻害。根颈受冻后，树皮先变色后干枯（一面或呈环状变褐而后干枯或腐烂），可发生在局部，也可能成环状，对植株危害很大。根系无休眠期，所以根系较其地上部分耐寒力差。但根系在越冬时活动力明显减弱，故耐寒力较生长期略强。根系受冻后变褐，皮层易与木质部分离。一般粗根系较细根系耐寒力强，近地面的粗根由于地温低而易受冻，新栽的树或幼树因根系小而浅，易受冻害，而大树则较抗寒。

3. 主干、枝杈冻害

主干冻害一般有两种。一是向阳面（尤其是西南面）的冬季日灼。由于在初冬和早春，温差大，皮部组织随日晒温度增高而活动，夜间温度骤降而受冻；二是冻裂（又称纵裂、裂干）。由于初冬气温骤降，皮层组织迅速冷缩，木质部产生应力而将树皮撑开，树皮成块状脱离木质部，或沿裂缝向外侧卷折。一般生长过旺的幼树主干易受冻害，这些伤口极易招致腐烂病。细胞间隙结冰，也可造成裂缝。

枝杈或主枝基角部分进入休眠期较晚，输导组织发育不好，易受冻害。枝杈冻害主要发生在分杈处向内的一面。由于分杈处年轮窄，导管不发达，供养不良，营养积存少，故抗寒能力差。同时，分权处易积雪，化雪后浸润树皮使组织柔软，气温突降即会受害。枝权冻害有各种表现：有的受冻后皮层和形成层变褐色，而后干枯凹陷，有的树皮成块状冻坏，有的顺着主干垂直冻裂形成劈枝，有的因导管破裂春季发生流胶。主枝与树干的基角越小，枝权基角冻害越严重。

枝条的冻害与其成熟度有关。成熟的枝条在休眠期以形成层最抗寒，皮层次之，而木质部、髓部最不抗寒。所以冻害发生后，髓部、木质部先变色，严重冻害时韧皮部才受伤，如果形成层变色则表明枝条失去了恢复能力。在生长期则相反，形成层抗寒力最差。幼树在秋季因雨水过多贪青徒长，枝条生长不充实，易加重冻害，特别是成熟不足的先端枝条对严寒敏感，常首先发生冻害，轻者髓部变色，较重时枝条脱水干缩，严重时枝条可能冻死。多年生枝条发生冻害，常表现为树皮局部冻伤，受冻部分最初稍变色下陷，不易发现。如用刀挑开，会发现皮部已变褐，以后逐渐干枯死亡，皮部裂开变褐脱落，但如果形成层未受冻则还可以恢复。

4. 芽冻害

花芽是抗寒能力较弱的器官，花芽冻害多发生在春季回暖时期，腋花芽较顶花芽抗寒力强。花芽受冻后，内部变褐，初期从表面上只见到芽鳞松散，不易鉴别，到后期芽不萌发，干缩枯死。

二、　树木冻害的防治措施

1. 适地适树

即选择抗寒的树种或品种，贯彻适地适树的原则。这是减少低温伤害的根本措施。乡土树种和经过驯化的外来树种或品种，已经适应了当地的气候条件，具有较强的抗逆性。新引进的树种一定要经过试种，证明其有较强的适应能力和抗寒性，才能推广。处于边缘分布区的树种上应选择小气候条件较好、无明显冷空气集聚的地区栽植，可以大大减少越冬防寒的工作量。在一般情况下，低温敏感的树种应栽植在通气、排水性能良好的土壤上，以促进根系生长，提高耐低温的能力。

2. 抗寒锻炼

即加强抗寒栽培，提高树木抗性。加强栽培管理（尤其是生长后期管理）有助于树体内营养物质的储备。实验证明，春季加强肥水供应，合理运用排灌和施肥技术。可以促进新梢生长和叶片增大，提高光合效能，增加营养物质的积累，保证树体健壮；后期控制排水，及时排涝，适量施用磷、钾肥，勤锄深耕，可促使枝条及早结束生长，有利于组织充实，延长营养物质积累的时间，提高木质化程度，增加抗寒性。正确的松土施肥，不但可以增加根量，而且可以促进根系深扎，有助于减少低温伤害。此外，夏季应适期摘心，促进枝条成熟；冬季应修剪，减少蒸腾面积以及人工落叶等均对预防低温伤害有良好的效果。同时在整个生长期中必须加强病虫害的防治。

3. 改善小气候条件

即增加温度与湿度的稳定性。通过生物、物理或化学的方法，改善小气候条件，减少树体的温度变化，提高大气湿度，促进上下层空气对流，避免冷空气聚集，可以减轻低温，特别是晚霜和冻旱的危害。所以根据气象台的霜冻预报及时采取防霜冻措施，对保护树木具有重要作用。

（1）喷水法。利用人工降雨和喷雾设备，在将发生霜冻的黎明向树冠喷水，防止急剧降温。因为水的温度比周围气温高，热容量大，水遇冷冻结时还能放出热量，同时，喷水还能提高近地表层的空气湿度，减少地面辐射的散失，起到减缓降温、防止霜冻的效果。

（2）熏烟法。根据气象预报，于凌晨及时点火发烟，形成烟幕。熏烟能减少土壤热量的辐射散失，同时烟粒吸收湿气，使水汽凝结放出热量提高温度，保护树木。但在多风或降温到−3℃以下时效果不好。

（3）根外追肥。根外追肥能增加细胞浓度，抗冻效果也很好。霜冻过后忽略善后工作，放弃霜冻后的管理，这是错误的。特别是对花灌木和果树，为了尽可能减少灾害造成的损失，应采取积极措施，如进行叶面喷肥以恢复树势等。

4. 树体保护措施

对树体的保护措施很多，一般的树木采用"灌冻水"和"灌春水"防寒。为了保护容易受冻的树种，还可以采用全株培土、根颈培土（高 30 cm）、涂白、喷白、主干包裹、搭防风障。实践证明，如在树干周围撒布马粪、腐叶土或泥炭、锯末等保温材料覆盖根区，能提高土温而缩短土壤冻结期，提早化冻，有利根部吸水，及时补充枝条失掉水分。此外，在树木已经萌动，开始伸枝展叶或花开时，根外追施磷酸二氢钾，有利于增加细胞液的浓度，增强抗晚霜的能力。

（1）灌溉（见图 4—4）。一是春灌。早春土地开始解冻后，及时灌水，经常保持土壤湿润，可以降低土温，延迟花芽萌动与开花，避免晚霜危害。也可防止春风吹袭，使树枝干枯梢条。二是灌冻水。在冬季土壤易冻结的地区，于土地封冻前，灌足一次水，称为"灌冻水"。冻前灌水，特别是对常绿树周围的土壤灌水，保证冬季有足够的水分供应，对防止冻旱十分有效。

图 4—4 灌溉

灌冻水的时间不宜过早，否则会影响抗寒力。一般以"日化夜冻"期间灌水为宜，这样到了封冻以后，树根周围就会形成冻土层，以维持根部温度保持相对稳定，不会因外界温度骤然变化而使植物受害。

（2）覆土（见图 4—5）

1）根颈培土。冻水灌完后结合封堰，在树木根颈部培起直径 80～100 cm，高 40～50 cm 的土堆，防止低温冻伤根颈和树根，同时也能减少土壤水分的蒸发。在土地封冻以前，可将枝干柔软、树身不高的乔灌木压倒固定，盖一层干树叶（或不盖），覆细土 40～50 cm，轻轻拍实（见图 4—6）。此法不仅可防冻，还能保持枝干湿度，防止枯梢。耐寒性差的树苗、藤本植物多用此法防寒。

图 4—5 覆土

图 4—6 根颈覆盖保护层

2）培月牙形土堆。在冬季土壤冻结，早春干燥多风的大陆性气候地区，有些树种虽耐寒，但易受冻旱的危害而出现枯梢。尤其在早春，土壤尚未化冻，根系难以吸水供应，而空气干燥多风，气温回升快，蒸发量大，经常因生理干旱而枯梢。针对这种原因，对不便弯压埋土防寒的植株，可于土壤封冻前，在树干北面，培一向南弯曲，高 30～40 cm 的月牙形土堆，早春可挡风，并反射和累积热量使穴土提早化冻，根系能提早吸水和生长，因而可避免冻旱的发生。

5. 养护措施

受冻后树木的养护极为重要，因为受冻树木的输导组织受树脂状物质的淤塞，树木根的吸收、输导及叶的蒸腾、光合作用以及植株的生长等均遭到破坏。因此，在恢复受冻树木的生长时，应尽快恢复输导系统，治愈伤口，缓和缺水现象，促进休眠芽萌发和叶片迅速增大，促使受冻树木快速恢复生长。受冻后的树，一般均表现生长不良，因此首先要加强管理，保证前期的水肥供应，也可以早期追肥和根外追肥，补给养分以尽量使树体恢复生长。在树体管理上，对受冻害树体要晚剪和轻剪，给予枝条一定的恢复时期，对明显受冻枯死部分可及时剪除，以利于伤口愈合。对于一时看不准受冻部分的，不要急于修剪，待春天发芽后再做决定；对受冻造成的伤口要及时治疗，应喷白涂剂预防日灼，同时做好防治病虫害和保叶工作；对根颈受冻的树木要及时桥接或根靠接；树皮受冻后成块脱离木质部的要用钉子钉住或进行桥接补救。

（1）架风障。为减轻寒冷干燥的大风吹袭，造成树木冻旱的伤害，可以在树的上风方向架风障，架风障的材料常用高粱秆、玉米秆捆编成篱或用竹篱加芦席等。风障高度要超过树高，常用杉木、竹竿等支牢或钉以木桩绑住，以防大风吹倒，漏风处再用稻草在外披覆好，绑以细棍夹住，或在席外抹泥填缝。

（2）涂白与喷白。涂白就是在苗木的树干涂上熟石灰，形成一种保护膜层。膜层可以起到抗风保湿、保温作用，减少树干皮部水分蒸腾。白色涂剂在日间光照下，可以反射光线，减少昼夜温差。用石灰加石硫合剂对枝干涂白，可以减小向阳面皮部因昼夜温差过大而受到的伤害，同时还可以杀死一些越冬的病虫害。对花芽萌动早的树种，进行树身喷白，还可延迟开花，以免晚霜的危害。涂白剂浓度不可太黏稠，应加入适量黏着剂，防止涂剂脱落。涂白剂配方为石灰 5 kg、硫黄 0.5 kg、水 20 kg。

（3）卷干、包草。对于不耐寒的树木（尤其是新栽树），要用草绳道道紧接的卷干或用稻草包裹主干和部分主枝的方法来防寒（见图 4—7）。包草时草梢向上，开始半截平铺于地，从干基折草向上，连续包裹，每隔 10～15 cm 横捆一道，逐层向上至分枝点，必要时可再包部分主枝。此法防寒，应于晚霜后拆除，不宜拖延。

（4）防冻打雪（见图 4—8）。在下大雪期间或之后，应把树枝上的积雪及时打掉，以免雪压过久过重，使树枝弯垂，难以恢复原状，甚至折断或劈裂。尤其是枝叶茂密的常绿树，更应及时组织人员，持竿打雪，防雪压折树枝。对已结冰的枝，不能敲打，可任其不动；如结冰过重，可用竿支撑，待化冻后再拆除支架。

图 4—7　紫薇的包草防寒

图 4—8　防冻打雪

（5）树基积雪。在树的基部积雪可以起到保持一定低温，免除过冷大风侵袭，在早春可增湿保墒，降低土温，防止芽的过早萌动而受晚霜危害等作用。在寒冷干旱地区，尤为有必要。

 ## 学习单元 2　树木的防护

树木离开原生态环境进行栽培，会受到外界环境的胁迫伤害，如低温、高温造成的生理伤害，风雪、飓风造成的机械伤害。为了避免这些外来因素的伤害，在物业绿化养护作业时应提前做好各项防范工作

一、树体的修补

1. 伤口的修补

对于枝干上因病、虫、冻、日灼或修剪等造成的伤口，首先应当用锋利的刀刮净削平四周，使皮层边缘呈弧形，然后用药剂（浓度为 2‰～5‰ 硫酸铜液，浓度为 0.1‰ 的氯化汞溶液，石硫合剂原液）消毒。修剪造成的伤口，应将伤口削平然后涂以保护剂，选用的保护剂要求容易涂抹，黏着性好，受热不融化，不透雨水，不腐蚀树体组织，同时又有防腐消毒的作用，如铅油、接蜡

等均可。大量应用时也可用黏土和鲜牛粪加少量的石硫合剂的混合物作为涂抹剂，如用激素涂剂对伤口的愈合更有利，用含有 0.01%～0.1% 的 α-萘乙酸膏涂在伤口表面，可促进伤口愈合。

由于风折使树木枝干折裂，应立即用绳索捆缚加固，然后消毒涂保护剂。北京有的公园用 2 个半弧圈构成的铁箍加固，为了防止摩擦树皮用棕麻绕垫，用螺栓连接，以便随着干径的增粗而放松。另外也可用带螺纹的铁棒或螺栓旋入树干，起到连接和夹紧的作用。因雷击使枝干受伤的树木，应将烧伤部位锯除并涂保护剂。

2. 树洞的修补

（1）开放法。树洞不深或树洞过大都可以采用此法，如伤孔不深，无填充的必要时可按前面介绍的伤口治疗方法处理。如果树洞很大，给人以奇特之感，欲留做观赏时可采用此法。方法是将洞内腐烂木质部彻底清除，刮去洞口边缘的死组织，直至露出新的组织为止，用药剂消毒并涂防护剂。同时改变洞形，以利排水，也可以在树洞最下端插入排水管。以后需经常检查防水层和排水情况。防护剂每隔半年左右重涂 1 次。

（2）封闭法。树洞经处理消毒后，在洞口表面钉上板条，以油灰和麻刀灰封闭（油灰是用生石灰和熟桐油以 1∶0.35 混合）（也可以直接用安装玻璃用的油灰，俗称腻子），再涂以白灰乳胶，颜料粉面，以增加美观，还可以在上面压树皮状纹或钉上 1 层真树皮。

（3）填充法。填充物最好是水泥和小石砾的混合物，如无水泥，也可就地取材。填充材料必须压实，为加强填料与木质部连接，洞内可钉若干电镀铁钉，并在洞口内两侧挖一道深约 4 cm 的凹槽，填充物从底部开始，每 20～25 cm 为 1 层，用油毡隔开，每层表面都向外略斜，以利排水，填充物边缘应不超出木质部，使形成层能在它上面形成愈伤组织。外层用石灰、乳胶、颜色粉涂抹，为了增加美观，富有真实感，可在最外面钉一层真树皮。

二、 树体的支撑

对于结构脆弱的树体和新植树木，需要进行人工支撑，以减少树木的损伤，提高树木的成活率，同时确保安全隐患不会发生。

1. 影响树木支撑的因素

（1）树体自身

　　1）树种。不同的树种其理化性质不同，结构不同，所以对于木材脆弱、叶量大、合轴分枝或假二叉分枝的树种，以及对风折敏感的树种都需要进行人工支撑加固。

　　2）分叉。V 形杈树木由于夹角中的树皮和形成层，不能随树木的继续生长而正常发育，因枝、干增粗造成严重挤压，导致夹角中的树皮与形成层死亡，当枝条遭受强风、冰雪或其他重力作用时，引起丫杈劈裂，导致树体损伤，树形破坏。

　　3）树体损伤。主要是树洞与劈裂，树洞宽大，外壳较薄，除进行树洞加固外，还应进行洞外支撑；开裂杈的处理，不仅可以防止开裂的进一步扩大，同时还可阻止开裂处的腐朽。

　　4）树龄、树姿。树体结构遭到破坏或主干歪斜，枝条伸展过远而失去平衡的古树，大枝太低、下垂或将要摩擦邻近物及其他空中管线或建筑物等都需要进行支撑加以保护。

　　（2）环境变化。地上管道、墙体及路牙的构筑，或其他原因切断了树木的某些骨干根，树干或树根已大面积腐朽以及邻近生长的树木被挖走，保留下来的树木失去遮蔽而暴露于强风中等情况，都需要人工支撑加固。

　　（3）树木移植。新栽树木由于根系尚未扎深扎实，极易摇晃，特别是常绿树和树冠较大的落叶树种，即使是带土球的树木，栽后也难免不被大风吹动，甚至被风吹倒。打撑架扶持可稳定树干，使根系与土壤保持紧密接触，有利于新根生长，提高成活率。

　　2. 人工支撑的类型与方法

　　支撑方法可分为柔韧支撑和刚硬支撑两大类。

　　（1）柔韧支撑。柔韧支撑又叫软支撑，是除连接部位用硬质材料外，其他全用金属缆绳进行支撑来加固的方法。这种方法主要用于吊起下垂低落、摩擦屋顶、撞击烟囱或有害于其他物体的枝条，易被强风或冰雪所折断的珍稀树木的枝条，以及用于加强弱分叉的强度等。根据缆绳排列方式分为单引法、围箱法、毂辐法和三角法。

　　1）单引法。用单根缆绳牵引连接两根大枝的方法，多用于单杈。

　　2）围箱法。缆绳以周边闭合的方式，在差不多的水平面上，将一棵树的所有大枝顺序连接在一起，它提供大枝侧向支撑。

　　3）毂辐法。缆绳从中心主干、大枝或中央金属环，辐射连接周围的主枝，提供直接和侧向支撑。

4）三角法。缆绳将相邻的三根主枝连接起来直至全部大枝成为一个整体。它可以为弱叉或劈裂叉提供直接支撑，也可为枝条提供较好的侧向支撑，是所有柔韧支撑中最有效的方法。

以上4种方法用于支撑加固的材料主要是钢索、紧线器、螺栓、螺钩或金属杆。安装要遵循牢固、安全、美观和不妨碍树木愈合生长的原则。在安装缆绳时要考虑：安装位置、连接方法、松紧适度以及选材的种类。同时注意无论是螺钉、螺栓，还是缆绳的绞接部分都要涂刷金属防护漆，进入木质部分的刷树涂剂后才能安装。柔韧支撑主要是一种严格的预防措施，成本低，效果好，值得广泛推广。

（2）刚硬支撑。刚硬支撑又叫硬支撑，是用硬质材料，如螺栓、螺母，利用其他支撑物来进行的支撑方法。这种支撑既是预防性的，又是治疗性的，还对大树移植起固定作用。方法有两种：树体本身相互支撑和客体立式支撑。

1）树体本身相互支撑

①权的支撑。对于弱分叉的健康树木和分叉已经形成树洞或劈裂的树木，在两枝连接处安装相互平行的螺栓或穿入一根螺钉，进行人工支撑。在安装时进行伤口消毒。

②劈开的大枝支撑。在安装螺栓前进行伤口消毒和涂漆，并在连接点以上的适当位置用定位绳和滑轮组将两根大枝拉到一起，使二者伤口紧紧闭合，必要时可安装第二根螺栓加固。

2）客体立式支撑。这是利用他物进行支撑的方法。新栽树木由于根系尚未扎深扎实，极易摇晃，特别是常绿树和树冠较大的落叶树种，即使是带土球的树木，栽后也难免不被大风吹动，甚至被风吹倒。打撑架扶持可稳定树干，使根系与土壤保持紧密接触，有利于新根生长。一般说来，树木的支撑大致有以下几种形式：

①标杆式扶桩。适合裸根树木和行道树栽后撑扶。在树木旁边，该地区常年风向一侧，用较长较粗的木桩或水泥桩深深地打入土壤中。扶桩在地面上高度应不低于2 m，扶桩要靠近树干，用草包、麻袋片、棕皮或破草席等柔软材料或竹片裹在树干绑扎部位，再用铁丝或尼龙绳按"8"字形将树木与扶桩绑紧，然后在扶桩中部和下部与树干捆绑扎牢。这样使树干稳固于扶桩，不易受外力影响而晃动。此法对柱材质量要求较高，因此成本较高。

②扁担式扶架。多用于带土球树木栽后支撑。用两根木桩或水泥桩在垂直于常年风向的树干两侧打入土壤中。打入深度约为桩长的1/3，地上部分桩高

为 80～120 cm，并且使两桩和树干位于同一直线上。两桩打稳后，再用第三根木棍（又称扁担木）将树木和两根木桩绑扎固定在一起。绑扎时需用竹片或草包、麻布片、棕皮等软物将树干衬裹保护，以防摩擦损伤树皮。两桩之间的距离取决于树穴大小，要求将木桩打入树穴外围的原土中，这样较稳固。

③三角形扶架。这种形式常用于带土球的树木及一些名贵树木，以及人员活动较频繁的场合。用三根木桩互成 120° 角打在树木周围，其中两桩连线与常年风向垂直。木桩地上部高度为 80～120 cm，入土深度约为桩长的 1/3。三根桩分别打稳后，再用三根木棍将各桩上端两两相连捆扎稳固，形成等边三角形，并把树木围在当中。最后用一根木棍将树干同三角形的支架绑扎固定在一起。绑扎部位的树干用软物衬垫保护。这种扶撑方式用材较多，成本也较高。

④连排网络形扶架。每株新植大树采用适当方法支撑固定以后，为增加树体固定的牢固程度，常利用横杆将相邻树体固定一起，连排形成网络状。此方法应用于种植大面积、大规格乔木的支撑，虽然所需的材料较多，但美观、整齐、牢固性强。

⑤井字形支柱。井字形支柱的稳定性非常好，但所用材料较多，且造价较高，通常适用于一些株型较大的苗木。一般先在树干四周均匀立四根支柱，均向树干略倾斜，然后在支柱约 1/2 高度处用四根适当长度的横杆与支柱固定，再在四根支柱的上部用四根较短的横杆围合成方形后即将树干固定在中央位置上。支柱材料可用较粗的木条或钢铁材料，目前在广东地区多以钢铁材料为主。

三、 树木的涂白

树干涂白的目的是防止树体温度发生剧烈变化，延迟树木萌芽，避免日灼为害。加入石硫合剂可以防治病虫害。据试验，桃树涂白后较对照树花期推迟 5 天，因此在日照强烈，温度变化剧烈的大陆性气候地区，可利用涂白减弱树木地上部分吸收太阳辐射热原理，延迟芽的萌动期。由于涂白可以反射阳光，减少枝干温度局部增高，可预防日灼为害，因此目前仍作为树体保护的措施之一。杨柳树栽完后马上涂白，可防蛀干害虫。

1. 树体保护的时期

10 月下旬至 11 月上旬，土壤封冻之前，即霜降前后。

2. 涂白剂的配制

（1）石灰硫黄四合剂涂白剂

1）有效成分比例。生石灰 10 kg、硫黄 1 kg、食盐 0.2 kg、动（植）物油 0.2 kg、热水 40 kg。

2）配制方法。先用 40～50℃的热水将硫黄粉与食盐分别溶化，并在硫黄粉液里加入洗衣粉，洗衣粉占水重的 0.2%～0.3%；然后将生石灰慢慢放入 80～90℃的开水中慢慢搅动，充分溶化；石灰乳和硫黄加水充分混合；最后加入盐和油脂充分搅匀即成。

（2）石硫合剂生石灰涂白剂

1）有效成分比例。石硫合剂原液 0.25 kg、食盐 0.25 kg、生石灰 1.5 kg、油脂适量、水 5 kg。

2）配制方法。将生石灰加水熟化，加入油脂搅拌后加水制成石灰乳，再倒入石硫合剂原液和盐，充分搅拌即成。

3. 涂白方法

从树干第一主枝分叉处从上往下涂白，刷子的走向是从下向上，纵向涂抹。要求涂抹均匀，有一定的厚度，并且薄厚适中。

4. 注意事项

涂白剂要随配随用，不得久放；使用时要将涂白剂充分搅拌，以利刷匀，并使涂白剂紧贴在树干上；根颈处必须涂到；涂抹均匀，厚度适中；涂白时，要仔细认真，不能嬉戏打闹，以免溅到面部。

第 6 节　物业绿化树木病虫害的防治

 学习单元 1　树木病虫害的防治技术

物业绿化树木在生长发育过程中会遇到许多灾害和伤害，其中病虫害所造成的危害是十分严重的，导致树木正常的生理活动受影响，导致生长发育不良，叶、花、果发育畸形，降低观赏价值和综合效果。因此，病虫害防治是物业绿化树木养护和管理中的一项重要工作。

一、　物业绿化树木病虫害的特点

物业绿化树木病虫害的特点为：人的活动多，植物品种丰富，生长周期长，立地条件复杂，小环境、小气候多样化，生态系统中一些生物种群关系常被打乱。而处于城镇郊区的物业区域与蔬菜、果树、农作物相连接，除了绿化树木本身特有的病虫害外，还有许多来自蔬菜、果树、农作物上的病虫，有的长期落户，有的则互相转主危害或越夏越冬，因而病虫种类多，危害严重。

二、　物业绿化树木病虫害综合治理的原则

物业绿化树木病虫害防治指导方针是"预防为主，综合治理"。其基本原理概括起来为"以综合治理为核心，实现对树木病虫害的可持续控制"。病虫害的防治应全面贯彻"预防为主，综合治理"的方针，掌握树木病虫害发生规律，在准确的预测和预报的指导下对能发生的病虫害做好预防；同时，要根据不同的树种、病虫害种和具体环境条件，正确选用农药种类、剂型、浓度和施用方法，能充分发挥药效，又不产生药害，减少对环境的污染。此外，树木的病虫害防治还应进行综合防治，采用多种防治措施进行，如加强植物检疫，加强管理，培育健壮苗木，综合采用园林技术防治、化学防治、物理机械防治和生物防治。

1. 安全原则

因物业绿化树木大多位于城镇或人口密集区附近，所以病虫害的防治首先要强调以安全为主，尤其是使用化学农药时，更要注意对人、环境及植物的安全，要根据物业绿化的特点，贯彻预防为主、综合治理的原则，采取一些既行之有效又安全可靠的措施。

2. 生态原则

要从园林生态系的总体出发，根据病虫害和环境之间的相互关系，通过全面分析各个生态因子之间的相互关系，全面考虑生态平衡及防治效果之间的关系，综合解决病虫危害问题。

3. 控制原则

在综合治理过程中，要充分发挥自然控制因素（如气候、天敌等）的作用，预防病虫害的发生，将病虫害的危害控制在经济损失水平之下。

4. 综合原则

在实施病虫害综合治理时，要协调运用多种防治措施，做到以植物检疫为前提、以园林技术防治为基础、以生物防治为主导、以化学防治为重点、以物理机械防治为辅助，以便有效地控制病虫的危害。

5. 客观原则

要考虑当时、当地的客观条件，采取切实可行的防治措施，避免盲目操作所造成的不良影响。

6. 效益原则

进行病虫害综合治理的目标是以最少的人力、物力投入，控制病虫的危害，获得最大的经济效益；所采用的措施必须有利于维护生态平衡，避免破坏生态平衡及造成环境污染；所采用的防治措施必须符合社会公德及伦理道德，避免对人、畜的健康造成危害。

三、 物业绿化树木病虫害防治技术

1. 园林技术防治

园林技术防治又称园林栽培措施防治，是利用园林植物栽培技术抑制病虫害发生的防治措施，即创造有利于园林植物和花卉生长发育而不利于病虫繁殖、危害的条件，促使园林植物生长健壮，增强其抵抗病虫害的能力，是病虫害综合治理的基础。园林技术防治的优点是防治措施结合在园林栽培过程中完成，不需要另外增加劳动力，因此可以降低劳动力成本，增加经济效益。其缺点是见效慢，不能在短时间内控制暴发性发生的病虫害。

（1）选用无病虫种苗及繁殖材料。在选用种苗时，尽量选用无虫害、生长健壮的种苗，以减少病虫害的危害。园林中有许多病虫害是依靠种子、苗木及其他无性繁殖材料传播的，因而通过一定的措施，培育无病虫的健壮种苗，可有效地控制该类病虫害的发生。园林植物的许多病害是通过种苗传播的，如松树幼苗猝倒病就由种子传播的。只有从健康母株上采种（芽），才能得到无病种苗，避免或减轻该类病害的发生。如果选用的种苗中带有某些病虫，要用药剂预先进行处理，如桂花上的矢尖蚧，可以在种植前，先将有虫苗木浸入氧化乐果或甲胺磷 500 倍稀释液中 5～10 min，然后再种。

园林植物中病毒病发生普遍而且严重，许多种苗都带有病毒，利用组培技术进行脱毒处理，对于防治病毒病十分奏效。如脱毒香石竹苗、脱毒兰花苗应用已非常成功。培育抗病虫品种是预防病虫害的重要一环，不同花木品种对于病虫害的受害程度并不一致。我国园林植物资源丰富，为抗病虫品种的选育提供了大量的种质资源，因而培育抗性品种前景广阔。培育该类品种的方法很多，有常规育种、辐射育种、化学诱变、单倍体育种等。随着转基因技术的不断发展，将抗病虫基因导入园林植物体内，获得大量理想化的抗性品种已逐步变为现实。

（2）苗圃地的选择及处理。一般应选择土质疏松、排水透气性好、腐殖质多的地段作为苗圃地。在栽植前进行深耕改土，耕翻后经过暴晒、土壤消毒后，可杀灭部分病虫害。消毒剂一般可用 50 倍的甲醛稀释液，均匀洒布在土壤内，再用塑料薄膜覆盖，约 2 周后取走覆盖物，将土壤翻动耙松后进行播种或移植。用硫酸亚铁消毒，可在播种或扦插前以 2% ～ 3% 硫酸亚铁水溶液浇盆土或床土，可有效抑制幼苗猝倒病的发生。盆播育苗时应注意盆钵、基质的消毒。如大叶黄杨、银杏等进行扦插育苗时，对基质及时进行消毒或更换新鲜基质，则可大大提高育苗的成活率。

（3）采用合理的栽培措施。根据苗木的生长特点，在圃地内考虑合理轮作、合理密植以及合理配置花木等原则，从而避免或减轻某些病虫害的发生，增强苗木的抗病虫性能。有些花木种植过密，易引起某些病虫害的大发生。在花木的配置方面，除考虑观赏水平及经济效益外，还应避免种植病虫的中间寄主植物（桥梁寄主）。露根栽植落叶树时，栽前必须适度修剪，根部不能暴露时间过长；栽植常绿树时，须带土球，土球不能散，不能晾晒时间过长，栽植深浅适度，是防治多种病虫害的关键措施。

1）配置得当。建园时，为了保证景观的美化效果，往往是许多种植物搭配种植。这样便忽视了病虫害之间的相互传染，人为地造成某些病虫害的发生和流行。如海棠与柏属树种、牡丹（芍药）与松属树种近距离栽植易造成海棠锈病及牡丹（芍药）锈病的大发生。因而在园林布景时，植物的配置不仅要考虑美化效果，还应考虑病虫的危害问题。

2）科学间作。每种病虫对树木、花草都有一定的选择性和转移性，因而在进行花卉生产及苗圃育苗时，要考虑到寄主植物与害虫的食性及病菌的寄主范围，尽量避免相同食料及相同寄主范围的园林植物混栽或间作。如黑松、油松、马尾松等混栽将导致日本松干蚧严重发生；槐树与苜蓿为邻将为槐蚜提供转主寄主，导致槐树严重受害；桃、梅等与梨相距太近，有利于梨小食心虫的大量发生；多种花卉的混栽，会加重病毒病的发生。

3）合理修剪。修剪不仅可以增强树势、花叶并茂，还可以减少病虫危害。例如，对天牛、透翅蛾等钻蛀性害虫以及袋蛾、刺蛾等食叶害虫，均可采用修剪虫枝等进行防治；对于介壳虫、粉虱等害虫，则通过修剪、整枝达到通风透光的目的，从而抑制此类害虫的危害。秋冬季节结合修枝，剪去有病枝条，从而减少来年病害的初侵染源，如月季枝枯病、白粉病以及阔叶树腐烂病等。对于园圃修剪下来的枝条，应及时清除。草坪的修剪高度、次数、时间也要合理。

4）中耕除草。中耕除草不仅可以保持地力，减少土壤水分的蒸发，促进花木健壮生长，提高抗逆能力，还可以清除许多病虫的发源地及潜伏场所。如马齿苋、繁缕等杂草是唐菖蒲花叶病的中间寄主，铲除杂草可以起到减轻病害的作用；扁刺蛾、黄杨尺蛾、草履蚧等害虫的幼虫、蛹或卵生活在浅土层中，通过中耕，可使其暴露于土表，便于杀死。

5）翻土培土。结合深耕施肥，可将表土或落叶层中越冬的病菌、害虫深翻入土。公园、绿地、苗圃等场所在冬季暂无花卉生长，最好深翻一次，这样便可将病菌、害虫深埋于地下，翌年不再发生危害。此法对于防治花卉菌核病等效果较好。对于公园树坛翻耕时要特别注意树冠下面和根颈部附近的土层，让覆土达到一定的厚度，使得病菌无法萌动，害虫无法孵化或羽化。

（4）合理施肥浇水。物业绿化植物应尽量使用充分腐熟且无异味的有机肥，以免污染环境，影响观赏。在施用有机肥时，强调施用充分腐熟的有机肥，原因是未腐熟的有机肥中往往带有大量的虫卵，容易引起地下害虫的暴发危害。

有机肥与无机肥配施：有机肥如猪粪、鸡粪、人粪尿等，可改善土壤的理化性状，使土壤疏松，透气性良好。无机肥如各种化肥，其优点是见效快，但长期使用对土壤的物理性状会产生不良影响，故两者以兼施为宜。使用无机肥时要注意氮、磷、钾等营养成分的配合，防止施肥过量或出现缺素症。

大量元素与微量元素配施：氮、磷、钾是化肥中的三种主要元素，植物对其需求最多，称为大量元素；其他元素如钙、镁、铁、锰、锌等，则称为微量元素。在施肥时，强调大量元素与微量元素配合施用。在大量元素中，强调氮、磷、钾配合施用，避免偏施氮肥，造成花木的徒长，降低其抗病虫性。微量元素施用时也应均衡，如在花木生长期缺少某些微量元素，则可造成花、叶等器官的畸形、变色，降低观赏价值。

浇水方式、浇水量、浇水时间等都影响着病虫害的发生。浇水量要适宜，浇水过多易烂根，浇水过少则易使花木因缺水而生长不良，出现各种生理性病害或加重侵染性病害的发生。多雨季节要及时排水。浇水时间最好选择晴天的上午，以便及时地降低叶片表面的湿度。

（5）加强园林管理。加强对园林植物的抚育管理，及时修剪。例如，防治危害悬铃木的日本龟蜡蚧，可及时剪除虫枝，以有效地抑制该虫的危害；及时清除被害植株及树枝等，以减少病虫的来源。公园、苗圃的枯枝落叶、杂草都是害虫的潜伏场所，清除病枝虫枝，清扫落叶，及时除草，可以消灭大量的越冬病虫。

（6）改善环境条件。主要是指调节栽培场所的温度和湿度，尤其是温室栽培植物，要经常通风换气，降低湿度，以减轻灰霉病、霜霉病等病害的发生。种植密度、盆花摆放密度要适宜，以利通风透光。冬季温室的温度要适宜，不要忽冷忽热。草坪的修剪高度、次数、时间也要合理，否则，也会加剧病害的发生。

（7）清洁苗圃。及时收集园圃中的病虫害残体、草坪的枯草层，并加以处理，深埋或烧毁。生长季节要及时摘除病、虫枝叶，清除因病虫或其他原因致死的植株。园艺操作过程中应避免人为传染，如在切花、摘心、除草时要防止工具和人体对病菌的传带。温室中带有病虫的土壤、盆钵在未处理前不可继续使用。无土栽培时，被污染的营养液要及时清除，不得继续使用。

2. 物理机械防治

利用简单的工具以及物理因素（如光、温度、热能、放射能等）来防治害虫的方法，称为物理机械防治。物理机械防治的措施简单实用，容易操作，见效快，可以作为害虫大发生时的一种应急措施。特别对于一些化学农药难以解决的害虫或发生范围小时，往往是一种有效的防治手段。

（1）树干涂白法。杨树、柳树栽完后马上涂白，除防天牛、吉丁虫等蛀干害虫在树干上产卵外，还可预防腐烂病和溃疡病，延迟芽的萌动期，避免枝芽受冻害。另外，还可预防日灼现象的发生。

（2）人工捕杀。利用人工或各种简单的器械捕捉或直接消灭害虫的方法称捕杀法。人工捕杀适用于具有假死性、群集性或其他目标明显、易于捕捉的害虫，如多数金龟甲、象甲的成虫具有假死性，可在清晨或傍晚将其振落杀死。榆蓝叶甲的幼虫老熟时群集于树皮缝、树疤或枝杈下方化蛹，此时可人工捕杀。冬季修剪时，剪去黄刺蛾茧、蓑蛾袋囊，刮除舞毒蛾卵块等均为人工捕杀。在生长季节也可结合物业绿化养护日常管理，人工捏杀卷叶蛾虫苞，摘除虫卵，捕捉天牛成虫等。例如，用竹竿打树枝振落金龟子，组织人工摘除袋蛾的越冬虫囊，摘除卵块，于清晨捕捉地老虎以及利用简单器具捕杀天牛幼虫等，都是行之有效的措施。

（3）诱杀法。诱杀法是指利用害虫的趋性设置诱虫器械或诱物诱杀害虫，利用此法还可以预测害虫的发生动态。

1）灯光诱杀。即利用害虫的趋光性，人为设置灯光来诱杀、防治害虫。目前物业绿化养护上所用的光源主要是黑光灯，此外，还有高压电网灭虫灯。黑光灯是一种能辐射出波长为360 nm的紫外线的低气压汞气灯，而大多数害虫的视觉神经对波长330～400 nm的紫外线特别敏感，具有较强的趋性，因而诱虫效果很好。利用黑光灯诱虫，除能消灭大量虫源外，还可以用于开展预测预报和科学实验，进行害虫种类、分布和虫口密度的调查，为防治工作提供科学依据。

安置黑光灯时应以安全、经济、简便为原则。黑光灯诱虫时间一般在5—9月，灯要设置在空旷处，选择闷热、无风、无雨、无月光的夜晚开灯，诱集效果最好，一般以晚上9—10时诱虫最好。由于设灯时，易造成灯下或灯的附近虫口密度增加，因此，应注意及时消灭灯光周围的害虫。除黑光灯诱虫外，还可以利用蚜虫对黄色的趋性，用黄色光板诱杀蚜虫及美洲斑潜蝇成虫等。

2）毒饵诱杀。利用害虫的趋化性在其所嗜好的食物中（糖醋、麦麸等）掺入适当的毒剂，制成各种毒饵诱杀害虫。例如，可用麦麸、谷糠等作饵料，掺入适量敌百虫或其他药剂制成毒饵来诱杀蝼蛄、地老虎等地下害虫。所用配方一般是饵料100份、毒剂1～2份、水适量。另外诱杀地老虎、梨小食心虫成虫时，通常以糖、酒、醋作饵料，以敌百虫作毒剂来诱杀。所用配方是糖6份、酒1份、醋2～3份、水10份，再加适量敌百虫。

3）饵木诱杀。许多蛀干害虫如天牛、小蠹虫、象虫、吉丁虫等喜欢在新伐倒不久的倒木上产卵繁殖。因此，在成虫发生期间，在适当地点设置一些木段，供害虫大量产卵，待新一代幼虫完全孵化后，及时进行剥皮处理，以消灭其中的害虫。例如，在山东泰安岱庙内，每年用此方法诱杀双条杉天牛，取得了明显的防治效果。

4）植物诱杀。也称作物诱杀，即利用害虫对某种植物有特殊嗜好的习性，经种植后诱集捕杀的一种方法。例如，在苗圃周围种植蓖麻，使金龟子误食后麻醉，可以集中捕杀。

5）潜所诱杀。利用某些害虫的越冬潜伏或白天隐蔽的习性，人工设置类似环境诱杀害虫。注意诱集后一定要及时消灭。例如，有些害虫喜欢选择树皮缝、翘皮下等处越冬，可于害虫越冬前在树干上绑草把，引诱害虫前来越冬，将其集中消灭。

（4）阻隔法。人为设置各种障碍，切断病虫害的侵害途径，称为阻隔法。

1）涂环法。对有上下树习性的害虫可在树干上涂毒环或涂胶环，从而杀死或阻隔幼虫。涂环法多用于树体的胸高处，一般涂 2～3 个环。胶环的配方通常有两种：一种是蓖麻油 10 份，松香 10 份，硬脂酸 1 份；另一种是豆油 5 份，松香 10 份，黄醋 1 份。早春在树干基部绑扎塑料薄膜环，可以有效地阻隔草履蚧、枣尺蠖上树危害或产卵。

2）挖障碍沟。对于无迁飞能力只能靠爬行的害虫，为阻止其危害和转移，可在未受害植株周围挖沟，害虫坠落沟中后予以消灭；对于一些根部病害，也可以在受害植株周围挖沟，阻隔病原菌的蔓延，以达到防治病虫害传播蔓延的目的。挖沟规格是宽 30 cm、深 40 cm，两壁要光滑垂直。

3）设障碍物。该法主要用于防治无迁飞能力的害虫。如枣尺蠖的雌成虫无翅，交尾产卵时只能爬到树上，可在上树前在树干基部设置障碍物阻止其上树产卵，如在树干上绑塑料布或在干基周围培土堆，制成光滑的陡面。山东枣产区总结出人工防治枣尺蠖的经验为"五步防线治步曲"即"一绑、二堆、三挖、四撒、五涂"可有效地控制枣尺蠖上树。一绑是在紧贴树干基部距地面 5～10 cm 处绑一条 8～10 cm 的塑料布，接口用塑料胶粘合或用小鞋钉钉紧，使雌蛾不能上树；二堆是在塑料袋下，堆筑圆锥形土堆，土堆表面要拍实，光滑，上缘要埋住塑料布 1.5 cm，使塑料布更加牢固，无缝可入；三挖是在土堆周围挖宽深各 10 cm 的小沟，沟壁直而光滑，使爬不上的雌蛾集中跌落在沟里。以上三道防线要求在惊蛰前完成。成虫出土后再进行第四、第五道防线。四撒是春分成虫出土后，在小沟内和土堆上撒施 10％辛拌磷粉或 2.5％的敌百虫粉或 3％的 1605 或 35％的甲基硫环磷毒土（药土比例为 1∶10），以杀死小沟内和土堆上的雌蛾；五涂是少数产在土块石块缝隙下的卵粒，约于枣芽萌动期开始孵化上树危害，在幼虫上树前，要在塑料布上缘 1.5 cm 处涂一圈粘杀幼虫的药膏（药膏用黄油 10 份，机油 5 份，浓度为 50％的 1605 或其他有触杀作用的有机磷一份混匀制成），药效可维持 40～50 天。

4）覆盖薄膜。覆盖薄膜能增产，同时也能达到防病的目的。许多叶部病害的病原物是在病残体上越冬的，花木栽培地早春覆膜可大幅度地减少叶病的发生。因为薄膜对病原物的传播起了机械阻隔作用，覆膜后土壤温度、湿度提高，加速病残体的腐烂，减少了侵染来源。

3. 生物防治

用生物及其代谢产物来控制病虫的方法，称为生物防治。从保护生态环境和可持续发展的角度讲，生物防治是最好的防治方法。生物防治法不仅可以改变生物种群的组成成分，而且能直接消灭大量的病虫；对人、畜、植物安全，不杀伤天敌，不污染环境，不会引起害虫的再次猖獗和形成抗药性，对害虫有长期的抑制作用；生物防治的自然资源丰富，易于开发，且防治成本低，是综合防治的重要组成部分和主要发展方向。但是，生物防治的效果有时比较缓慢，人工繁殖技术较复杂，受自然条件限制较大。害虫的生物防治主要是保护和利用天敌、引进天敌以及进行人工繁殖与释放天敌控制害虫发生。自20世纪70年代以来，随着微生物农药、生化农药以及抗生素类农药等新型生物农药的研制与应用，人们把生物产品的开发与利用也纳入到害虫生物防治工作之中。

（1）天敌昆虫的保护与利用。利用天敌昆虫来防治害虫，称为以虫治虫。天敌昆虫主要有两大类型。

一是捕食性天敌昆虫。专以其他昆虫或小动物为食物的昆虫，称为捕食性昆虫。这类昆虫用它们的咀嚼式口器直接蚕食虫体的一部分或全部；有些则用刺吸式口器刺入害虫体内吸食害虫体液使其死亡。捕食性天敌昆虫在自然界中抑制害虫的作用和效果十分明显。有害虫也有益虫，例如，螳螂、瓢虫、草蛉、猎蝽、食蚜蝇等多数情况下是有益的，是园林中最常见的捕食性天敌昆虫。这类天敌一般个体较被捕食者大，在自然界中抑制害虫的作用十分明显。松干蚧花蝽对抑制松干蚧的危害起着重要的作用；紫额巴食蚜蝇对抑制在南方各省区危害很重的白兰台湾蚜有一定的作用。

二是寄生性天敌昆虫。一些昆虫种类，在某个时期或终身寄生在其他昆虫的体内或体外，以其体液和组织为食来维持生存，最终导致寄主昆虫死亡，这类昆虫一般称为寄生性天敌昆虫，主要包括寄生蜂和寄生蝇。这类昆虫个体一般较寄主小，数量比寄主多，可寄生于害虫的卵、幼虫及蛹内或体上。在1个寄主上可育出一个或多个个体。凡被寄生的卵、幼虫或蛹均不能完成发育而死亡。有些寄生性昆虫在自然界的寄生率较高，对害虫起到很好的控制作用。寄生性天敌昆虫的常见类群有姬蜂、小茧蜂、蚜茧蜂、土蜂、肿腿蜂、黑卵蜂及小蜂类和寄蝇类。

利用天敌昆虫来防治园林植物害虫，主要有以下三种途径：

1）天敌昆虫的保护。当地自然天敌昆虫种类繁多，是各种害虫种群数量重要的控制因素，因此，要善于保护利用。在方法实施上，要注意以下几点。

一是慎用农药。在防治工作中，要选择对害虫选择性强的农药品种，尽量少用广谱性的剧毒农药和残效期长的农药。选择适当的施药时期和方法或根据害虫发生的轻重，重点施药，缩小施药面积，尽量减少对天敌昆虫的伤害。

二是保护越冬天敌。天敌昆虫常常由于冬天环境条件恶劣而大量减少，因此采取措施使其安全越冬是非常必要的。例如，七星瓢虫、异色瓢虫、大红瓢虫、螳螂等的利用，都是在解决了安全过冬的问题后才发挥更大的作用。

三是改善昆虫天敌的营养条件。一些寄生蜂、寄生蝇在羽化后常需补充营养而取食花蜜，因而在种植园林植物时要注意考虑天敌昆虫蜜源植物的配置。有些地方如天敌食料缺乏时，要注意补充田间寄主等，这些措施有利于天敌昆虫的繁衍。

2）天敌昆虫的繁殖和释放。在害虫发生前期，自然界的天敌昆虫数量少、对害虫的控制力很低时，可以在室内繁殖天敌昆虫，增加天敌昆虫的数量。特别在害虫发生之初，大量释放于林间，可取得显著的防治效果。我国很多地方建立了生物防治站，繁殖天敌昆虫，适时释放到林间消灭害虫。如松毛虫赤眼蜂的广泛应用，就是显著的例子。天敌能否大量繁殖，决定于下列几个方面：一是要有合适的、稳定的寄主来源或者能够提供天敌昆虫的人工或半人工的饲料食物，并且成本较低，容易管理；二是天敌昆虫及其寄主都能在短期内大量繁殖，满足释放的需要；三是在连续的大量繁殖过程中，天敌昆虫的生物学特性（寻找寄主的能力、对环境的抗逆性、遗传特性等）不会有重大的改变。

（2）生物农药的应用。生物农药作用方式特殊，防治对象比较专一，且对人类和环境的潜在危害比化学农药要小，因此，特别适用于园林植物害虫的防治。

1）微生物农药。以菌治虫，就是利用害虫的病原微生物来防治害虫。可引起昆虫致病的病原微生物主要有细菌、真菌、病毒、立克次氏体、线虫等。目前生产上应用较多的是病原细菌、病原真菌和病原病毒三类。利用病原微生物防治害虫，具有繁殖快、用量少、不受园林植物生长阶段的限制、持效期长等优点。近年来作用范围日益扩大，是目前园林害虫防治中最有推广应用价值的类型之一。

①病原细菌。目前用来控制害虫的细菌主要有苏云金杆菌。苏云金杆菌是一类杆状的、含有伴孢晶体的细菌，伴孢晶体可通过释放伴孢毒素破坏虫体细胞组织，导致害虫死亡。苏云金杆菌对人、畜、植物、益虫、水生生物等无害，无残余毒性，有较好的稳定性，可与其他农药混用；对湿度要求不严格，在较

高温度下发病率高，对鳞翅目幼虫有很好的防治效果。因此，病原细菌成为目前应用最广的生物农药。

②病原真菌。能够引起昆虫致病的病原真菌很多，其中白僵菌防治马尾松毛虫取得了很好的防治效果。大多数真菌可以在人工培养基上生长发育，便于大规模生产应用。但由于真菌孢子的萌发和菌丝生长发育对气候条件有比较严格的要求，因此昆虫真菌性病害的自然流行和人工应用常常受到外界条件的限制，应用时机得当才能收到较好的防治效果。

③病原病毒。利用病毒防治害虫，其主要优点是专化性强。在自然情况下，某种病原病毒往往只寄生一种害虫，不存在污染与公害问题，在自然界中可长期保存，反复感染，有的还可遗传感染，从而造成害虫流行病。目前发现很多园林植物害虫，如在南方危害园林植物的槐尺蠖、丽绿刺蛾、榕树透翅毒蛾、竹斑蛾、棉古毒蛾、樟叶蜂、马尾松毛虫、大袋蛾等，均能在自然界中感染病毒，对这些害虫的猖獗发生起到了抑制作用。各类病毒制剂也正在研究推广之中，如上海使用大袋蛾核型多角体病毒防治大袋蛾效果很好。

2）生化农药。激素是指经人工合成或从自然界的生物源中分离或派生出来的化合物，如昆虫信息素、昆虫生长调节剂等，主要来自于昆虫体内分泌的激素，包括昆虫的性外激素、昆虫的蜕皮激素及保幼激素等内激素。昆虫的激素分外激素和内激素两大类型。昆虫的外激素是昆虫分泌到体外的挥发性物质，是昆虫对它的同伴发出的信号，便于寻找异性和食物。已经发现的有性外激素、踪迹外激素、报警外激素及聚集外激素。目前研究应用最多的是雌性外激素。某些昆虫的雌性外激素已能人工合成，在害虫的预测预报和防治方面起到了非常重要的作用。目前我国已能人工合成马尾松毛虫、白杨透翅蛾、桃小食心虫、梨小食心虫、苹小卷叶蛾等雌性外激素。

雌性外激素的应用有以下几个方面：一是诱杀法。利用性引诱剂将雄蛾诱来，配以黏胶、毒液等方法将其杀死。如利用某些性诱剂来诱杀国槐小卷蛾、桃小食心虫、白杨透翅蛾、大袋蛾等效果很好。二是迷向法。成虫发生期，在田间喷洒适量的性引诱剂，使其弥漫在大气中，使雄蛾无法辨认雌蛾，从而干扰正常的交尾活动。三是绝育法。将性诱剂与绝育剂配合，用性引诱剂把雄蛾诱来，使其接触绝育剂后仍返回原地，这种绝育后的雄蛾与雌蛾交配后就会产下不正常的卵，起到灭绝后代的作用。在国外已有100多种昆虫激素商品用于害虫的预测预报及防治工作，我国已有近30种性激素用于梨小食心虫、白杨透翅蛾等昆虫的诱捕、迷向及引诱绝育法的防治。

还有一些由微生物新陈代谢过程中产生的活性物质，也具有较好的杀虫作用。现在我国应用较广的昆虫生长调节剂有灭幼脲Ⅰ号、Ⅱ号、Ⅲ号等，对多种园林植物害虫如鳞翅目幼虫、鞘翅目叶甲类幼虫等具有很好的防治效果。例如，来自于浅灰链霉素抗性变种的杀蚜素，对蚜虫、红蜘蛛等有较好的毒杀作用，且对天敌无毒；来自于南昌链霉素的南昌霉素，对菜青虫、松毛虫的防治效果可达 90％以上。

（3）其他动物的利用。我国有 1 100 多种鸟类，其中捕食昆虫的约占半数，它们绝大多数以捕食害虫为主。目前以鸟治虫的主要措施是：保护鸟类，严禁在城市风景区、公园打鸟；人工招引以及人工驯化等。如在林区招引大山雀防治马尾松毛虫，招引率达 60％，对抑制松毛虫的发生有一定的效果。

蜘蛛、捕食螨、两栖动物及其他动物对害虫也有一定的控制作用。例如，蜘蛛对于控制南方观赏茶树（金花茶、山茶）上的茶小绿叶蝉有着重要的作用；捕食螨对酢浆草岩螨、柑橘红蜘蛛等螨类也有较强的控制力。

（4）以菌治病。一些真菌、细菌、放线菌等微生物，在新陈代谢过程中能分泌抗生素，杀死或抑制其他微生物的生长，这种现象称拮抗作用。这是目前生物防治研究中的一个重要内容。如哈茨木霉能分泌抗生素，杀死、抑制茉莉白绢病病菌。又如菌根菌可分泌萜烯类等物质，对许多根部病害有拮抗作用。在自然界中，各种杂草和园林植物一样，在一定环境条件下都能感染一定的病害。利用真菌来防治杂草是整个以菌治草中最有前途的一类。如澳大利亚利用一种锈菌防治菊科杂草——粉苞菊非常成功；利用鲁保一号菌防治菟丝子是我国早期杂草生物防治最典型最突出的一例。

4. 化学防治

化学防治是指用农药来防治害虫、病害、杂草等有害生物的方法。化学防治是害虫防治的主要措施，具有收效快、防治效果好、使用方法简单、受季节限制较小、适合于大面积使用等优点。但化学防治的缺点概括起来可称为"三R问题"，即抗药性（Resistance）、反复（Resurgence）及农药残留（Residue）。由于长期对同一种害虫使用相同类型的农药，使得某些害虫产生不同程度的抗药性；由于用药不当杀死了害虫的天敌，从而造成害虫的再度猖獗危害；由于农药在环境中存在残留毒性，特别是毒性较大的农药，对环境易产生污染，破坏生态平衡。

（1）农药的基本知识

1）农药的分类。农药的种类很多，按照不同的分类方式可有不同的分类。

①按防治对象分类。一般可分为杀虫剂、杀菌剂、杀螨剂、杀线虫剂、杀鼠剂、除草剂等。

②按照杀虫作用分类。根据杀虫剂对昆虫的毒性作用及其侵入害虫的途径不同，一般可分为：

a. 胃毒剂。药剂随着害虫取食植物一同进入害虫的消化系统，再通过消化吸收进入血腔中发挥杀虫作用。此类药剂大都兼有触杀作用，如敌百虫。

b. 触杀剂。药剂与虫体接触后，药剂通过昆虫的体壁进入虫体内，使害虫中毒死亡，如拟除虫菊酯类等杀虫剂。

c. 内吸剂。药剂容易被植物吸收，并可以输导到植株各部分，在害虫取食时使其中毒死亡。这类药剂适合于防治一些蚜虫、蚧虫等刺吸式口器的害虫，如乐果、氧化乐果、久效磷等。

d. 熏蒸剂。药剂由固体或液体转化为气体，通过昆虫呼吸系统进入虫体，使害虫中毒死亡，如氯化苦、磷化铝等。

e. 特异性杀虫剂。这类药剂对昆虫无直接毒害作用，而是通过拒食、驱避、不育等不同于常规的作用方式，最后导致昆虫死亡，如樟脑、风油精、灵香草等。

③按杀菌剂的性能，一般可分为：

a. 保护剂。在植物感病前（或病原物侵入植物以前），喷洒在植物表面或植物所处的环境中，用来杀死或抑制植物体外的病原物，以保护植物免受侵染的药剂，称为保护剂。如波尔多液、石硫合剂、代森锰锌等。

b. 治疗剂。植物感病后（或病原物侵入植物后），使用药剂处理植物，以杀死或抑制植物体内的病原物，使植物恢复健康或减轻病害，这类药剂称为治疗剂。许多治疗剂同时还具有保护作用，如多菌灵、甲基托布津等。

④按照化学组成分类，一般可分为：

a. 无机农药。无机农药是用矿物原料经加工制造而成，如砷素剂、氟素剂等。

b. 有机农药。有机农药是指由有机物合成的农药，如有机磷杀虫剂、有机氯杀虫剂、有机氮杀虫剂等，是目前应用最多的杀虫剂。

c. 植物性农药。植物性农药是指用植物产品制造的农药，其中所含有的有效成分为天然有机物，如烟碱、鱼藤、除虫菊等。

d. 微生物农药。目前广泛应用的拟除虫菊酯类农药就是模仿除虫菊而合成的，即用微生物或其代谢产物所制造的农药，如白僵菌、青虫菌、BT乳剂、杀蚜素等。

2）农药的剂型。为了在防治时使用方便，生产上常将农药加工成不同剂型。

①粉剂。在原药中加入惰性填充剂（如黏土、高岭土、滑石粉等），经机械磨碎为粉状，成为不溶于水的药剂，适合于喷粉、撒粉、拌种或制成毒饵。粉剂不能用来喷雾，否则易产生药害。

②可湿性粉剂。在原药中加入一定量的湿润剂和填充剂，通过机械研磨或气流粉碎而成。可湿性粉剂适于用水稀释后作喷雾用。其残效期较粉剂持久，附着力也比粉剂强，但易于沉淀，应在使用前及时配制，并且注意搅拌，使药液浓度一致，以保证药效及避免药害。

③乳油。在原药中加入一定量的乳化剂和溶剂制成透明的油状剂型，称为乳油，如敌敌畏乳油、甲胺磷乳油等。乳油可溶于水，经过加水稀释后，可以用来喷雾。使用乳油防治害虫的效果一般比其他剂型好，触杀效果好，残效期长。

④颗粒剂。原药加载体（如黏土、玉米芯等）制成颗粒状的药物，称为颗粒剂。颗粒剂残效期长，用药量少，主要用于土壤处理。

⑤烟剂。由原药加燃烧剂、氧化剂、消燃剂制成，可以燃烧。点燃后，原药受热气化上升到空气中，再遇冷而凝结成飘浮状的微粒，适用于防治高大林木的害虫或温室中的害虫。

3）农药的毒性。农药的毒性是指农药对人、畜、鱼类等产生的毒害作用。毒性通常分为急性毒性与慢性毒性两种。急性毒性是指人畜接触一定剂量的农药后，能在短期内引起急性病理反应的毒性。急性毒性容易被人察觉。慢性毒性是指人、畜长期持续接触与吸入低于急性中毒剂量的农药后引起的慢性病理反应。慢性毒性还表现为对后代的影响，如产生致畸、致突变和致癌作用等。慢性毒性不易察觉，往往受到忽视，因而比急性毒性更危险。

通常所说的农药的毒性，指的是急性毒性，用致死中量（LD_{50}）或致死中浓度（LC_{50}）表示。致死中量（LD_{50}）是指被试验的动物一次口服某药剂后，产生急性中毒，有半数死亡时所需要的该药剂的量，单位为 mg/kg。致死中量数值越大，表示毒性越小；数值越小，表示毒性越大。一种农药的毒性程度，常用毒力和药效作比较和估价指标。毒力是指药剂本身对生物直接作用的性质和程度，是在室内一定条件下测定的，是固定的。药效是指药剂在综合条件下，对田间有害生物的防治效果受环境影响生物，其数值是不定的，一般用死亡率表示。毒力和药效相辅相成，毒力是药效的基础，药效是毒力在综合条件下的表现。一般来说，有药力才有药效，但有毒力不一定有药效。毒力与药效成正相关。

在我国，农药的毒性按照原药对大白鼠产生急性中毒（LD$_{50}$）暂分为 3 级：高毒，大白鼠口服致死中量小于 50 mg/kg；中毒，大白鼠口服致死中量为 50～500 mg/kg；低毒，大白鼠口服致死中量大于 500 mg/kg。

4）农药的药害。由于用药不当造成农药对园林植物的毒害作用，称为药害。许多园林植物是娇嫩的花卉，用药不当时，极容易产生药害，用药时应当十分小心。

植物遭受药害后，常在叶、花、果等部位出现变色、畸形、枯萎焦灼等药害症状，严重者造成植株死亡。根据出现药害的速度，有急性药害和慢性药害之分。在施药后几小时，最多 1～2 天就会明显表现出药害症状的，称为急性药害；慢性药害则在施药后十几天、几十天，甚至几个月后才表现出来。

应根据药害产生的原因采取措施防止药害的产生：一是药剂因素。由于用药浓度过高或者农药的质量太差，常会引起药害的发生。应严格按照农药的《使用说明书》用药，控制用药浓度，不得任意加大使用浓度，不得随意混合使用农药。二是植物因素。处于开花期、幼苗期的植物，容易遭受药害；杏、梅、樱花等植物对敌敌畏、乐果等农药较其他树木更易产生药害。防治处于开花期、幼苗期的植物，应适当降低使用浓度；在杏、梅、樱花等蔷薇科植物上使用敌敌畏和乐果时，也要适当降低使用浓度。三是气候因素。一般在高温、潮湿等恶劣的天气条件下用药，容易产生药害。应选择在早上露水干后及 11 点前或下午 3 点后用药，避免在中午前后高温或潮湿的恶劣天气下用药，以免产生药害。

（2）农药的使用方法

1）喷雾。将乳油、水剂、可湿性粉剂按所需的浓度加水稀释后，用喷雾器进行喷洒。其技术要点是：喷雾时，要求均匀周到，使植物表面充分湿润，但基本不滴水，即"欲滴未滴"；喷雾的顺序为从上到下，从叶面到叶背；喷雾时要顺风或垂直于风向操作。严禁逆风喷雾，以免引起人员中毒。在喷雾的类型中，有一种称为超低容量喷雾，可直接利用超低容量喷雾器对原药进行喷雾。这种喷雾法用药量少，不需加水稀释，操作简便，工效高，节省劳动成本，防治效果也好，特别适合于水源缺乏的地区使用。

2）拌种。拌种是将农药、细土和种子按一定的比例混合在一起的用药方法，常用于防治地下害虫。

3）毒饵。毒饵是将农药与饵料混合在一起的用药方法，常用来诱杀蛴螬、蝼蛄、小地老虎等地下害虫。

4）撒施。撒施是将农药直接撒于种植区，或者将农药与细土混合后撒于种植区的施药方法。

5）熏蒸。熏蒸是将具熏蒸性的农药置于密闭的容器或空间，以便毒杀害虫的用药方法，常用于调运种苗时，对其中的害虫进行毒杀或用来毒杀仓库害虫。

6）注射法。注射法是用注射机或兽用注射器将药剂注入树体内部，使其在树体内传导运输而杀死害虫，多用于防治天牛、木蠹蛾等害虫；打孔注射法是用打孔器或钻头等利器在树干基部钻一斜孔，钻孔的方向与树干约成 40°的夹角，深约 5 cm，然后注入内吸剂药剂，最后用泥封口，可防治食叶害虫、吸汁类害虫及蛀干害虫等。对于一些树势衰弱的古树名木，也可以用挂吊瓶法注射营养液，以增强树势。

7）刮皮涂环。距干基一定的高度，刮两个相错的半环，两半环相距约 10 cm，半环的长度为 15 cm 左右。将刮好的两个半环分别涂上药剂，以药液刚下流为止，最后外包塑料薄膜。应注意的是：刮环时，刮至树皮刚露白茬；药剂选用内吸性药剂；外包的塑料薄膜要及时拆掉（约 1 周）。该法主要用在防治食叶害虫、吸汁害虫及蛀干害虫的初期阶段。

5. 综合治理

园林植物病虫害的防治方法很多，这些方法各有优点和局限性，单靠其中某一种措施往往不能达到防治目的，有时还会引起其他不良反应。综合治理是一种防治方案，能控制病虫害的发生，避免相互矛盾，尽量发挥有机的调和作用，是保持经济允许水平之下的防治体系。

综合治理有如下特点：

一是从园林生态系的总体出发，根据病虫与环境之间的相互关系，充分发挥自然控制因素的作用。

二是因地制宜，合理运用各种防治方法，使其相互协调，取长补短，它不是许多防治方法的机械拼凑和综合，而是在综合考虑各种因素的基础上，确定最佳防治方案。综合治理并不排斥化学防治，但尽量避免杀伤天敌和污染环境。

三是综合治理并非以"消灭"病虫为准则，而是把病虫控制在经济损失水平之下。

四是综合治理并非降低防治要求，而是获得最佳的经济效益、生态效益和社会效益，达到"经济、安全、简便、有效"的准则。

学习单元2 树木常见病害及其防治

树木在生长发育过程中，由于环境条件不适宜或受到病菌及其他致病生物的侵袭，在生理上、组织上和形态上发生明显的变化，产生各种不正常的现象，如生长发育不良，品质变坏，局部坏死、畸形，造成整株或成片死亡，这种现象就是树木病害。树木病害的防治是物业绿化管理的重要内容。

一、 树木常见病害及表现

树木病害的症状，包括树木本身生病后表现出来的生理、解剖和形态特征（又称病状）和病原物在感病植物外表所表现出的病症，见表4—1。

表4—1 树木常见的病害类型及表现

病害类型	表　　现
白粉病类	由真菌中的白粉菌引起。多发生在叶片上，有时也见于幼果和嫩枝，病斑常近圆形，其上出现白色薄粉层。后期白粉层上出现散生的针头大的黑色或黄色颗粒，白粉层即是病害的病症。如黄栌白粉病、板栗白粉病、臭椿白粉病、葡萄白粉病等
锈病类	由真菌中的锈菌引起。多发生于枝、干、叶、果等地上部分，主要特征是病部出现锈黄色的粉状物，即病症。病部多形成斑块或瘤肿。如松针锈病、杨叶锈病、苹果锈病、梨树锈病等
煤污病类	由真菌引起。多发生于叶、果和小枝。病部被一层煤烟状物所覆盖，擦去煤状物，只表现出轻微的褪绿。如杨树煤污病、榆树煤污病、板栗煤污病、桃煤污病等
发霉	由真菌引起。多发生在储藏中的种子和果实上，种子和果实表面出现绿色、黑色、粉色或灰色的霉状物。如苹果霉心病、栗实干腐病等。叶片上也可产生霜霉和黑星霉层
斑点病类	由真菌、细菌和病毒引起。多发生于叶和果实上。根据病斑形状和颜色的不同，常常分成角斑、圆斑、褐斑、黑斑等病名。后期病部组织坏死，斑上出现绒状的霉层、黑色小粒点或黏液等病症，如柿子圆斑病、柿子角斑病、杨树黑斑病、杨树褐斑病
炭疽病类	由炭疽病菌引起。多发生在果实上，也可侵染枝干及果实等部位，病斑初期为褐色小点，逐渐扩大为圆形暗褐色干腐状斑，中部凹陷，边缘清晰，并有同心轮纹，病斑上着生大量排成轮纹状的黑色小点，有时分泌出粉红色黏液

续表

病害类型	表　现
溃疡病类	由真菌、细菌或日灼等引起。多发生在枝干的皮层。病部周围稍隆起，后期中央的组织坏死并干裂，病斑上散生许多小黑点或小型盘状物，此为病症。如杨树溃疡病、落叶松溃疡病等
腐烂病类	由真菌或细菌侵染后细胞坏死、组织解体而成。多发生在干部和主枝，按病部颜色、质地的不同，可分为干腐、湿腐、褐腐，症状与溃疡病类型相似，但病斑范围大、边缘隆起不显著，有酒糟的气味。如杨树、柳树、苹果树的腐烂病
腐朽病类	由真菌引起。根、干部的木质部腐朽变质，根据受害木质部的颜色、形状可分为褐腐、白腐、窝腐等类型，病部后期往往出现大型的真菌繁殖器官，如松白腐病、栎干基腐朽等
流胶（脂）	流胶发生于阔叶树的枝干，流脂则发生在针叶树。病部有胶质或松脂流出，如毛白杨破肚子病、桃树的流胶、油松的流脂等
花叶病类	多由病毒、类菌质体和某些生理因素引起。发生在整株或局部叶片上，颜色深浅不匀，有时还出现红、褐、紫等颜色。如苹果花叶病、杨树花叶病等
肿瘤病类	由真菌、细菌、线虫、寄生性种子植物或生理原因所引起。发生在枝干、根和叶部，是一种很普遍的增生型病害，在枝干、根和叶部形成肿瘤，瘤上有时出现黄泡、黑点等明显的病症。如杨树根癌病、葡萄根癌病、苹果肿枝病等
丛枝病类	由真菌、类菌质体或生理原因引起。顶芽生长被抑制，侧芽受刺激发育成小枝。小枝上的顶芽不久又受到抑制，小枝上的侧芽再随之发育成小枝，如此往复，致使枝条的节间缩短、叶片变小，枝叶丛生，有时根部也有类似现象，形成毛根。如泡桐丛枝病、枣疯病、竹丛枝病等
萎蔫病类	一般由真菌、细菌或生理原因引起。由于干旱、根系腐烂、茎基部坏死和腐烂、输导组织堵塞，都可导致植物急剧失水，细胞膨压下降，叶片萎蔫。如榆树枯萎病、板栗干枯病等
叶果畸形	由真菌、螨类及其他原因引起。叶片畸形皱缩或形成毛毡，果实肿大变形。如大叶栎叶肿病、桃缩叶病、李囊果病和阔叶树毛毡病
菌脓	细菌性病害常从病部溢出灰白色、蜜黄色的液滴，干后结成菌膜或小块状物。如油橄榄、木麻黄青枯病的枝干横切面上流出的液滴
蕈体	由真菌引起。树木干、根或木材腐朽后，常常产生马蹄形、蘑菇状等各种蕈体。如引起林木根朽病的蜜环菌以及引起木材腐朽的硫黄菌等

病害类型	表　　现
枝条带化	一般由病毒或生理原因引起。枝条扁平肥大。如油桐带化病和洋槐带化病
黄化	由类菌质体或生理原因引起。整株或局部叶片均匀褪绿，黄化进一步发展导致白化。如杉木黄化病、池杉黄化病

二、 树木常见病害的防治

不良环境条件是引发树木生理性病害和侵染性病害的重要原因，加强肥水管理、合理修剪等创造适合树木生长、不利于病原物生长发育的环境，是预防树木病害发生的重要措施。

1. 施肥

适当施肥可促进树体生长发育，增强抵抗力。树木栽种前应清除建筑垃圾等杂物，挖穴，底层铺施基肥，土壤贫瘠的向穴内添加沃土。根据树体生长情况及时施追肥，春季施肥以氮肥为主，促进枝叶生长；盛夏少施或不施肥；秋季施肥以磷肥为主，促进花芽分化和花蕾膨大。氮、磷、钾可配合施用，比例为 4：3：2。此外，应及时补充锌、铁等微量元素，以免各元素比例失调，导致病害发生。

2. 浇水

浇水能调节温度，在高温时吸热降温，低温时减缓降温速度。水分过多，树体生长衰弱，抵抗力下降，抗逆性减弱；缺水则会导致叶片萎蔫、烂根、落叶，甚至死亡。应根据树体缺水情况适度浇水，掌握"土不干旱不浇水，要浇则浇透"的原则。春季浇返青水，夏季干旱多浇水，秋天树木生长缓慢少浇水，入冬浇冻水；树木生长旺盛期多浇水，花芽分化期少浇水；喜湿植物多浇水，耐旱植物少浇水。注意不能对有病害的植株喷水，以免病害扩展。

3. 修剪

修剪可以控制树势，促进树体强壮。去除杂乱枝，可增强通风透光；剪除病虫枝，可防止病害大面积传播。修剪后伤口应涂杀菌剂，防止病菌从剪口侵入。

4. 化学药剂治疗

（1）药剂常用种类

1）波尔多液。波尔多液是一种常用的花木表面保护性杀菌剂。它的特点是历史悠久，杀菌力强，药效范围广，作用持久。它是由硫酸铜、石灰和水配制而成的。

配好的波尔多液，是一种天蓝色的胶状悬液，杀菌主要成分是碱式硫酸铜。波尔多液刚配好时悬浮性好，也具有一定的稳定性，但搁置久后，悬浮的胶粒就会互相聚合沉淀，最终形成结晶。

该药液要现配现用，不宜储存。由于波尔多液呈碱性，与其他农药混用时应注意该特性，配制时忌用金属容器，否则易产生腐蚀作用。

根据硫酸铜和石灰的比例，将波尔多液分为等量式 1：1、半量式 1：0.5、倍量式 1：2、多量式 1：（3～5）、少量式 1：（0.25～0.4）等类别。

波尔多液倍数是指硫酸铜与水的比例，例如 160 倍的波尔多液，即表示在 160 份水中有 1 份硫酸铜。实践中常两者结合，表示配合的比例。如等量式波尔多液 100 倍液，其配合比例为硫酸铜：石灰：水＝1：1：100。

通常使用下列三种波尔多液，其原料配合量见表 4—2。

表 4—2　　　　　　　　　　　　波尔多液的配制

类　　　型	配　　　制
1％等量式波尔多液	硫酸铜 1 kg＋生石灰 1 kg＋水 100 kg
0.5％倍量式波尔多液	硫酸铜 0.5 kg＋生石灰 1 kg＋水 100 kg
0.5％等量式波尔多液	硫酸铜 0.5 kg＋生石灰 0.5 kg＋水 100 kg

各种花木对波尔多液中铜离子的敏感程度不一。桃、梅、李、柿最敏感，故在生长期，对桃树不使用波尔多液；樱桃、葡萄、柑橘对铜离子不敏感，但葡萄对石灰较敏感，通常要用石灰少量式的波尔多液。

波尔多液的配制方法有多种，其中两液法和稀铜浓石灰法较好。两液法是将硫酸铜和生石灰分别溶化于等量的水中，同时将其倒入第三个容器中，边倒边搅均匀即成。在配制杀菌剂时，此法常用，但需要三个容器，操作比较费事。而稀铜浓石灰法，即用多量的水溶硫酸铜，用少量水溶石灰，配成稀铜浓石灰乳，然后将稀硫酸铜液均匀倒入浓石灰乳中，边倒边搅即成。

波尔多液的防病作用主要是铜离子对病菌的毒杀作用。波尔多液喷洒在花木表面上，能形成水溶性很低的一层薄膜，它受到植物分泌物、空气中二氧化碳及病菌孢子萌发时分泌出来的有机酸作用，游离出铜离子。当铜离子进入菌体后，使细胞原生质凝固变性，造成病菌死亡，从而达到防病的效果。

2）石灰硫黄合剂。石灰硫黄合剂简称石硫合剂，在生产中广泛应用，是一种重要的药剂，对防治多种花木的叶斑病和锈病等有良好的效果。石硫合剂也用于防治介壳虫、红蜘蛛等，与有机磷杀虫剂交替使用，可减少螨类的抗药性。

石硫合剂的生产原料为生石灰、硫黄粉和水。它们三者最佳的比例是 1：2：10。

熬制石硫合剂必须用铁锅或陶锅，而铜、铝器皿易被腐蚀损坏。熬制时把称量好的生石灰投入锅中，用少量水使石灰溶解，待溶解成粉状后再加入少量水搅成糊状，再把称量好的硫黄粉，一点一点缓慢地投入石灰浆中，边放边搅，使混合均匀，而后加足水的用量，用搅拌器插入反应锅中记下水位线。然后猛火熬制，自沸腾时计算时间，整个反应过程必须保持沸腾，反应时间为 50～60 min，反应过程中蒸发的水应用热水补充，保持水位线。

要掌握在最后 15 min 前补充完水，熬成的溶液呈深红棕色或栗褐色，用2～3 层纱布过滤，去渣滓后即成石硫合剂母液。熬制成功的石硫合剂母液是透明的红棕色液体，有皮蛋的味道，具碱性，遇酸分解快，主要成分为多硫化钙和部分硫代硫酸钙，少量硫酸钙和亚硫酸钙。

稀释后的石硫合剂喷洒在花木表面上，与空气接触，受氧气、水和二氧化碳等影响，产生一系列的化学变化，游离出细微的硫黄沉淀，释放出少量的硫化氢，从而发挥出杀菌作用。由于石硫合剂具碱性，对昆虫表皮蜡质层有侵蚀作用，因此对较厚蜡质层的蚧壳虫和一些昆虫的卵有较好的防治效果。

石硫合剂由于其性质原因，不宜长期储存，若必须要长期储存时，应加上一层煤油盖住，同时容器应是窄口的，尽量减少与空气接触，以免分解。

熬制石硫合剂时应注意以下问题。

第一，硫黄和石灰的好坏影响着石硫合剂的质量。硫黄要磨细成粉，石灰要成块状、质轻、洁白，否则会降低母液的质量。

第二，石硫合剂母液中要求含多硫化钙的量要高，除了原料的质量外，熬制的火力和反应的时间都会带来影响。若时间短、火力不足，反应不完全；反应时间长，剧烈搅拌，使反应生成的多硫化钙又会氧化成硫酸钙，前者母液较淡，后者母液质量降低。花木中桃、梅、葡萄对硫黄比较敏感，施用时浓度要低，用药次数也要控制。

冬季清园时可用 3～4 波美度（7～5 倍液）石硫合剂，生长季节用 0.3～0.4 波美度（76～56 倍液）的药液，早春后用 0.2～0.3 波美度（115～76 倍液）的药液。施用不当，幼嫩组织易被烧伤。

3）代森锌。代森锌是优良的保护性杀菌剂。工业原粉为淡黄色粉末，略具臭鸡蛋味。农用商品为 65％可湿性粉剂。该药剂在高温、日光下不稳定，在潮湿条件下易分解失效，在水溶液中更易分解，常温下每小时分解 10％左右，遇碱性物质能促进其分解。药剂残效期 7 天左右。用 65％可湿性粉剂 500～600 倍液对防治葡萄霜霉病、黑痘病、芍药褐斑病、桂花褐斑病等有较好的防治效果。

对波尔多液敏感的桃、李、柿等，也可用代森锌，但代森锌防治白粉病基本无效。

4）多菌灵。多菌灵是一种内吸广谱性高效低毒的杀菌剂，工业纯品为灰白色结晶，农用商品为 25％和 50％可湿性粉剂。

该农药化学性质稳定，对人、畜较安全，对花木也较安全。用 50％多菌灵可湿性粉剂 500～1 000 倍液，对防治炭疽病、月季黑斑病、白粉病等有良好的效果。

5）退菌特。该农药是有机砷和有机硫的混合杀菌剂。剂型有 50％和 80％可湿性粉剂。退菌特是由福美甲胂、福美锌和福美双三种药剂组成。

用 50％退菌特可湿性粉剂 800～1 000 倍液，可防治白粉病、炭疽病、疮痂病等。退菌特是广谱性的保护性杀菌剂，其工业产品是灰白色粉末，具鱼腥气味。该药对人、畜具有中等毒性，且能累积毒性，对花木却很安全。有机砷化合物的杀菌作用有两方面，即二硫代氨基甲酸的阴离子和砷的原子都会对病菌产生毒性。

6）甲醛。甲醛又称蚁醛，是常用于花木上熏蒸消毒的杀菌剂。商品为 40％的水剂，常叫福尔马林。用甲醛 50～300 倍液浸种子，时间从 5 min 到 3 h，可杀死附着于种子上的多种病菌。

用甲醛 50～100 倍液，按 6～12 kg/m² 的量消毒土壤，盖上塑料薄膜或麻袋片加以熏蒸，能有效杀死土壤中有害微生物。处理后的土壤要经 1～2 周的时间待甲醛挥发后，才能播种或种植花苗。甲醛具有消毒作用的原因在于它能使蛋白质凝固，从而导致病原微生物的死亡。

该农药对人、畜低毒，如直接熏花苗易引起药害，施用时应注意方法和浓度等。

7）托布津。托布津是一种高效低毒的内吸杀菌剂，剂型有 50％和 70％可湿性粉剂两种。托布津是广谱性内吸杀菌剂，对多种花木的真菌病害具有预防和治疗效果。用 50％托布津可湿性粉剂 500～1 000 倍液，对防治白粉病、灰霉病、炭疽病、叶斑病、菌核病等，效果非常明显。

该农药对人、畜低毒，对花木较安全。当它喷洒到植株表面后，很快转化为 2-苯并咪唑氨基甲酸甲（或乙）酯，使病菌孢子萌发出的芽管扭曲变形，附着胞的形成也受影响，说明芽管细胞壁已中毒。

8）五氯硝基苯。该药的纯品为白色片状或针状无味结晶，工业品为黄色或灰白色粉末，不溶于水，化学性质稳定，不受空气、温度、日光及酸碱度的影响；在土壤中很稳定，残效期长，对人、畜毒性小，是一种优良的拌种剂和土壤杀菌剂。

其制剂有 50％和 70％可湿性粉剂两种。拌种量为种子的 0.2％～0.4％；土壤消毒，每公顷用 37.5～67.5 kg 可湿性粉剂，施于播种沟内，穴播每公顷用 30～37.5 kg 可湿性粉剂。用 70％粉剂以 1∶50～1∶100 的比例与细土混合，撒于植株根际，可以防治白绢病。

该药作土壤消毒剂时，对各种花木、作物的丝核菌病害具有特效。

（2）施药方法

1）打孔灌药。用约 5 mm 直径的铝管插入树干当年形成的木质部，在暴露在外的管中加入约 65 mL 药剂，药剂直接被吸收进入导管；也可在树干打孔后，直接将药剂灌入孔中。此法较适用于没有周年轮的热带树木病害防治。

2）重力滴注。将盛放药剂的容器通过橡皮导管与注射针头连接，然后将注射针头插入注射部位，药剂靠重力压和输导组织的液流进入树体，虽然这种方法注药时间较长，但是对树体伤害最小。

3）加压注干。将药剂装入压力泵，通过橡皮管与插入树干的注射用金属管连接在一定压力下注射（压力大小根据树种、用药部位及注药效率而定），此法较重力滴注法相比大大缩短了注药时间。

4）树皮或发病部位涂药。用力刮开树皮（不要深达木质部），然后将蘸有药剂的棉花或纱布贴在刮开的树皮上，或将膏剂直接涂在树皮上，用塑料薄膜条包扎，药剂通过韧皮部筛管吸收和运转，这种方法在泡桐丛枝病、枣疯病等的防治上应用较普遍，也适用非内吸性药剂的局部用药，如杨树溃疡病、苹果树腐烂病等。

5）封顶注射。此法用于泡桐丛枝病的预防效果显著。在泡桐苗出圃前的苗高生长停止期，于苗干约 1 m 处注射抗菌素对预防丛枝病效果很好。

6）根颈注射。根颈为连接根与树干的过渡区域，此区域的输导组织比较特殊，故根颈注射药剂分布比地上部 10 cm 以上的茎干注射更广。

7）断根注药。将刚切断的根与注射系统连接，使药剂像吸收水分一样沿输导组织向地上部运转。

8）药剂浸根。适用于苗圃病害的防治。在移栽时，根部在内吸药剂中浸泡一定时期会起保护作用。

9）叶面喷雾法。在树木病害防治上，此法仅适用于苗圃或少量名贵观赏树种病害的防治，而且主要用来喷施保护性和非内吸性的药剂，如波尔多液、石硫合剂、福美双、敌锈钠等。对内吸性药剂来说，叶面喷雾法为最不经济的用药方式。

5. 常见园林树木病害

（1）牡丹锈病（见图 4—9）

1）症状。植株受侵染后叶片出现圆形、椭圆形或不规则形的褐色病斑，叶片褪绿，叶背着生黄褐色孢子堆，夏孢子可在草本寄主上重复侵染。

2）病原及发病规律。病原为松芍柱锈菌。松芍柱锈菌为转主寄生菌，木本寄主为牡丹、松树，草本寄主为芍药、凤仙花等。在松树上，锈菌每年 4—6 月产生性孢子和锈孢子，锈孢子借风雨传播到草本植株上，草本植株受侵染后。夏孢子可在草本寄主上重复侵染。生长后期产生冬孢子，冬孢子萌发产生出担孢子。担孢子侵染松树，在其上越冬。

3）防治方法

第一，加强栽培管理，植株要种在地势较高、排水良好的地段。

第二，秋末清除草本寄主的病株和病残体。

第三，发病期间用 15％粉锈宁 800 倍液喷施。

（2）牡丹褐斑病（见图 4—10）

图 4—9　牡丹锈病　　　　　　　图 4—10　牡丹褐斑病

牡丹褐斑病是牡丹的常见叶部病害之一，在牡丹栽培地均有发生。

1）症状。感病的叶片最初在叶面产生大小不一的圆形斑点，褐色，有同心轮纹，后期病斑上产生黑色霉状物，邻近病斑相连成不规则形大斑，严重时叶片枯死。

2）病原及发病规律。病原为尾孢菌。病菌在枯枝、落叶等病残体上越冬。翌年借风雨传播，7—9月为发病高峰。

3）防治方法

第一，秋季清扫枯枝、落叶，集中烧毁，减少侵染源。

第二，发病期可喷80%代森锌700倍液或80%代森锰锌可湿性粉剂600倍液，10天左右喷1次。

（3）紫荆枯梢病（见图4—11）

1）症状。感病的植株先从枝条尖端的叶片枯黄脱落开始，在一丛苗木中，先有一两枝枯黄，随后全株枯黄死亡。感病植株茎部皮下木质部表面有黄褐色纵条纹，横切则在髓部与皮层间有黄褐色轮状坏死斑。

2）病原及发病规律。病原为一种镰刀菌病菌，在病株残体上及土壤里越冬。翌年6—7月，病菌从根侵入，顺根、茎维管束往上蔓延，达到树木顶端，病菌能破坏植物的输导组织，使叶片枯黄脱落。

3）防治方法。发现病株立即拔除，并用50%多菌灵可湿性剂400倍液浇灌土壤。

（4）蔷薇白粉病（见图4—12）

图4—11　紫荆枯梢病　　　　　　　图4—12　蔷薇白粉病

1）症状。感病的植株幼叶淡灰色，叶变扭曲，上覆一层白粉，严重时叶片枯萎、花朵小而少，甚至不能开花，病菌也可侵染花柄、茎等部位。

2) 病原及发病规律。病原为蔷薇单丝壳菌。病菌以菌丝体在病芽、病叶或病枝上越冬。病害与气温关系密切，当气温 17～25℃ 时为发病盛期，即 4—5 月和 9—10 月为发病盛期。

3) 防治方法

第一，改进蔷薇生长条件。适当通风、透光，少施氮肥，多施磷、钾肥。

第二，冬季修剪后喷 1.02 kg/L 石硫合剂杀死越冬病菌。发病前可喷施 200 倍等量式波尔多液预防，发病时喷 15% 粉锈宁可湿性粉剂 1 000 倍液，或 70% 甲基托布津可湿性粉剂 1 000 倍液。

（5）紫荆角斑病（见图 4—13）

1) 症状。该病主要为害叶片，病斑呈多角形，黄褐色，病斑扩展后，互相融合成大斑。感病严重时叶片上布满病斑，导致叶片枯死，脱落。

2) 病原及发病规律。病原为尾孢属一种真菌。该病一般在 7—9 月发生，一般下部叶片先感病，逐渐向上蔓延扩展。植株生长不良，多雨季节发病重，病菌在病株残体上越冬。

3) 防治方法

第一，秋季清除病落叶，集中烧毁，减少来年侵染源。

第二，发病时喷 50% 多菌灵可湿性粉剂 700～1 000 倍液，70% 代森锰锌可湿性粉剂 800～1 000 倍液，10 天喷 1 次，连续喷 3～4 次均有良好的防治效果。

（6）樱花褐斑穿孔病。樱花褐斑穿孔病是樱花叶部的一种重要病害，在我国樱花种植区均有发生。（见图 4—14）

图 4—13　紫荆角斑病

图 4—14　樱花褐斑穿孔病

1) 症状。病害主要发生在老叶上，也侵染嫩梢，感病叶片最初产生针头状紫褐色小点,不久扩展成同心轮纹状圆斑,直径 5 mm 左右,病斑边缘几乎黑色,易产生离层,后期在病叶两面有褐色霉状物出现,病斑中部干枯脱落,形成圆形小孔,几个病斑重叠时,穿孔不规则。

2)病原及发病规律。病原为核果尾孢菌,是一种真菌。病菌在落叶、枝梢病组织内越冬。子囊孢子在春季成熟,翌年气温适宜便借风雨传播。一般从6 月开始发病,8—9 月为发病盛期。风雨多时发病严重。当树势生长不良时,也可加重发病。该病除为害樱花外,还可为害桃、李、梅、榆叶梅等植物。

3)防治方法

第一,加强栽培管理,创造良好的通风透光条件,多施磷、钾肥,增强抗病力。

第二,秋季清除病落叶,结合修剪剪除病枝,减少来年侵染源。

第三,展叶前喷施 1.02～1.04 kg/L 石硫合剂,发病期喷洒 50％苯来特可湿性粉剂 1 500 倍液、65％代森锌 600 倍液或 50％多菌灵 1 000 倍液,都有良好的防治效果。

图 4—15　白兰花炭疽病

(7)白兰花炭疽病(见图4—15)

1)症状。该病主要为害叶片,发病初期叶面上有褪绿小点出现并逐渐扩大,形成圆形或不规则形病斑,边缘深褐色,中央部分浅色,上有小黑点出现,如病斑发生在叶缘处,则使叶片稍扭曲。病害严重时病斑相互连接成大病斑,引起整叶枯焦、脱落。

2)病原及发病规律。病原为胶胞炭疽菌。病菌在病残体中越冬,翌年 6—7 月,借风雨传播。雨水多、空气潮湿、通风不良时发病,7—9 月为发病盛期。白兰花的幼树发病较重。

3)防治方法

第一,植株间距不可过密,以利于通风透光。及时剪除病枝叶,集中销毁,减少侵染源。

第二,发病初期喷 70％炭疽福美 500 倍液、65％代森锌可湿性粉剂 800 倍液或 1：1：200 倍波尔多液,10 天 1 次,连续喷 3 次效果较好。

（8）桃细菌性穿孔病。桃细菌性穿孔病发生在全国各地，是造成桃早期落叶的主要原因之一（见图4—16）。

1）症状。感病的叶片初期出现圆形、多角形褐色水渍状病斑，周围有淡黄色晕圈，边缘易产生离层，造成穿孔。病斑连在一起时，穿孔形状不规则，病叶提前脱落。果实受害后产生油渍状褐色小点，病斑扩大，最后呈凹陷龟裂。病枝以皮

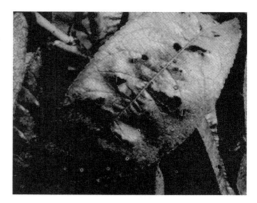

图4—16　桃细菌性穿孔病

孔为中心产生水渍状紫褐色的斑点，后凹陷龟裂。

2）病原及发病规律。病原为核果单胞杆菌。病菌在老病斑上越冬，5月开始侵染新叶、新梢。气候潮湿时，病害加重。

3）防治方法

第一，冬季清除病落叶和枯枝，加强水肥管理，注意通风透光。

第二，可在发芽前喷1：1：120倍波尔多液，10天左右喷1次，共喷3～4次。

图4—17　桃流胶病

（9）桃流胶病（见图4—17）

1）症状。发生于主干及主枝，渗出胶质物，引起叶色变黄，长势衰弱甚至枯死。

2）病原。各种原因都可引起桃流胶病，如生理失调、细菌寄生、伤害等。

3）防治方法。栽培养护技术可以控制该病；增施有机肥，氮、磷、钾配比合理；加有机肥和沙土改良；雨后及时排水；涂白减少冻伤和日灼；防治枝干病虫害，减少伤口。

可以采用涂抹法治疗，对于只流胶皮层和木质部未变黑腐烂的流胶部位，先刮净流胶物，然后使用溃腐灵原液多次涂抹。一般涂抹时间是第1天、第3天和第7天。对于流胶且皮层和木质部变黑腐烂的流胶部位，先刮净流胶物，

再将变黑和腐烂组织刮净，最后使用溃腐灵原液多次涂抹。一般涂抹时间是第1天、第3天和第7天。也可采用高浓度刷干法，对出现流胶的株体，使用溃腐灵30～60倍液加有机硅刷干1～2次，间隔10天。

灌根也是常用的方法，对流胶严重、位点多，且处于雨季生长期的病株，

图4—18　夹竹桃黑斑病

在涂抹和刷干的基础上同时采取灌根的办法，具体为：溃腐灵200倍液灌根1～2次，间隔10天。

（10）夹竹桃黑斑病（见图4—18）

1）症状。病斑发生于叶的边缘或中部，呈半圆形或圆形，几个病斑相连时形成波纹状，正反两面都有，正面比背面颜色稍深，病斑呈灰白色或灰褐色。后期在病部有黑色粉状霉层，一般发生在老叶上。

2）病原及发病规律。病原为链格孢属的一种真菌。孢子借风雨传播，雨水过多易引起此病，老叶、下部叶片及根部萌发的蘖枝上发病较多。

3）防治方法

一是加强管理，增强植株通风透光性。多施磷、钾肥，增强树势。

二是喷75%百菌清800倍液进行防治。

（11）玫瑰锈病（见图4—19）

1）症状。该病可侵染玫瑰的芽、叶片花托、嫩枝等部位，春季感病的芽呈淡黄色，芽肿大，病芽陆续枯死。秋季腋芽感病后，少数能长出叶片，冬后枯死。感病叶片正面为浅黄色不规则病斑，叶背为黑色孢子堆，叶片提早脱落。

2）病原及发病规律。病原为玫瑰多孢锈菌。病菌以菌丝在芽内越冬，是来年的主要浸侵染源。本菌为单主寄生。不同玫瑰品种间抗病性有差异，保加利亚红玫瑰、白玫瑰较抗病。发病

图4—19　玫瑰锈病

适温为 24～26℃，降雨多是病害流行的主导因素。

3）防治方法

一是及时清除、烧毁枯枝败叶，以减少侵染源。

二是在 6 月下旬和 8 月中旬发病盛期前喷药，每隔 8～10 天喷 1 次，连续 2～3次。药剂有 75％百菌清 800 倍液、50％代森铵 800～1 000 倍液、50％退菌特 500 倍液。

（12）合欢枯萎病（见图 4—20）

1）症状。该病为合欢的毁灭性病害，可流行成灾。感病植株的叶下垂呈枯萎状，叶色呈淡绿色或淡黄色，后期叶片脱落，枝条开始枯死。检查植株边材，可明显地观察到变为褐色的被害部分。在叶片尚未枯萎时，病株的皮孔中会产生大量的病原菌分生孢子，这些孢子通过风雨传播。

2）病原。病原为尖孢镰刀菌合欢专化型。

3）防治方法

一是抗病性品种栽培，如深红色花的夏洛特。

二是将枯死植株及感病严重的植株砍除并烧毁，以防病害蔓延。

（13）紫薇煤污病（见图 4—21）

图 4—20　合欢枯萎病

图 4—21　紫薇煤污病

1）症状。病害先在叶片正面沿主脉产生，逐渐覆盖整个叶面，严重时叶面布满黑色煤尘状物。病菌的菌丝体覆盖叶表，阻塞叶片气孔，妨碍正常的光合作用。

2）病原及发病规律。紫薇煤污病病原为煤炱菌属一种，属于子囊菌亚门核菌纲。病菌以菌丝体或子囊座在叶面或枝上越冬。春、秋为病害盛发期，过分荫蔽潮湿时容易感病，病菌由介壳虫、蚜虫经风雨传播。紫薇上蚜虫分泌的蜜汁给病菌的生长提供了营养源。

3）防治方法

一是加强栽培管理，种植密度要适当，及时修剪病枝和多余枝条，增强通风透光性。

二是煤污病的防治应以治虫为主，可喷洒 10～20 倍的松脂合剂及 50％硫磷乳剂 1 500～2 000 倍液以杀死蚧壳虫（在幼虫初孵时喷施效果较好），或用 40％氧化乐果 2 000 倍液或 50％马拉硫磷 1 000 倍液喷杀蚜虫。1.01 kg/L 的石硫合剂杀菌效果也较好。

（14）大叶黄杨白粉病（见图 4—22）

1）症状。白粉大多分布于大叶黄杨的叶正面，也有生长在叶背面的，单个病斑圆形、白色，多个病斑连接后不规则。将白色粉层抹去时，发病部位呈现黄色圆形斑。感病严重时病叶发生皱缩，病梢扭曲成畸形。

2）病原及发病规律。病原为正木粉孢霉。病菌以菌丝体和分生孢子在落叶上越冬，经风雨传播。种植过密、不及时修剪时发病较重。

3）防治方法

一是清除病叶、病残体，集中烧毁。

二是扦插繁殖时，插穗密度不要过大。

三是发病时可喷施 800～1 500 倍粉锈宁、多菌灵、托布津溶液，1 kg/L 石硫合剂，都有较好的防治效果。

（15）蜡梅叶斑病（见图 4—23）

图 4—22　大叶黄杨白粉病　　　　图 4—23　蜡梅叶斑病

1）症状。感病的叶片最初在叶面上有淡绿色水渍状小圆斑，随着病斑的扩大，发展为圆形或不规则状的褐色病斑，后期病斑中部有小黑点出现。

2）病原及发病规律。病原为大茎点霉属的真菌。病菌在病残体、落叶上越冬。借风雨传播。气候潮湿时该病发生严重。

3）防治方法

一是及时清除病落叶，减少侵染源。

二是发病时可喷 50％多菌灵 1 000 倍液。

三、 进行树木病害防治时的注意事项

1. 药害的预防

不论是哪一种施药方式，如果是药剂浓度过高或用药量太大，植株或植株的某些部位对药剂敏感时，都可能会造成树体损伤。当维管束用药时，蒸腾作用会使药剂在叶片边缘积累到很高的浓度而造成叶片药害。因此在进行化学药剂防治时，应先进行几棵树的预备实验，在确定药剂浓度不会对树体生长产生伤害时再进行大面积应用，一般预备药剂实验观察期为 7～15 天，树体未出现明显药害迹象，如叶片枯黄、施药处溃烂等情况时，证明无害。

2. 安全防治

物理防治时，注意机械的安全使用，掉落物的安全收集。进行药剂防护时要注意绿化人员的自身防护，以及下风口处不应有不能受到药剂沾染的物体和行人等。

 学习单元 3　树木常见虫害及其防治

能够识别树木常见的虫害并采取相应的防治对策是物业绿化养护人员应具有的重要技能。

一、 树木常见虫害的防治

1. 蚜虫

蚜虫又称腻虫、蜜虫，是花卉栽培中最常见的虫害，目前已发现的有 4 000 多种蚜虫，已被列为世界性害虫，其繁殖力很强，一头成蚜一代可产 70 头小蚜虫，一年可繁殖十几代，甚至几十代。常见的蚜虫有棉蚜、桃蚜、桃粉蚜、蔷薇蚜、槐蚜、松蚜、柳蚜、菊姬长管蚜等。被害的植物有木槿、扶桑、石榴、紫荆、梅花、枇杷、碧桃、夜来香、珊瑚豆、月季、夹竹桃、樱花、榆叶梅、

贴梗海棠等。

蚜虫危害性强，一头无翅桃蚜成虫，在 24 h 内所吸食的鲜物重量，为其体重的 79 倍；其所分泌的排泄物蜜露，透明黏稠，对花卉的生理活动起到阻滞作用，又是病菌的良好培养基，易诱发煤污病等；同时蚜虫也是重要的病毒传播媒体；群集伤害嫩叶、嫩梢、花蕾等部位，吸吮汁液，以致花卉畸形发展，叶片背面不规则的皱缩、卷曲、脱落、花蕾变形、花朵减少或变小，甚至全株枯萎以致死亡。

在蚜虫的防治上，应利用各种手段，停止其为害活动。

（1）结合修剪，将蚜虫栖居或虫卵潜伏过的残花、枯枝病叶，彻底清除，集中烧毁。

（2）树木的品种不同，其抗虫性也有所不同，应选用抗病虫品种，既减轻蚜虫危害又可节省药物费用。

（3）发现少量蚜虫时，可用毛笔蘸水刷净，或将盆栽花木倾斜放于自来水下旋转冲洗，既灭了蚜，又洗净了叶片，提高了观赏价值，促进叶面呼吸作用；有条件的还可利用瓢虫、草蛉等天敌进行防治。

（4）发现大量蚜虫时，应及时隔离，并立即选用药物或土法消灭虫害，其具体措施如下。

1）用 1∶15 的比例配制烟叶水，4 小时后喷洒。

2）用 1∶4∶400 的比例，配制洗衣粉、尿素、水的溶液喷洒。

3）用 10% 氧化乐果乳剂 1 000 倍液或马拉硫黄乳剂 1 000～1 500 倍液或敌敌畏乳油 1 000 倍液喷洒。

4）对桃粉蚜一类本身披有蜡粉的蚜虫，施用任何药剂时，均应加 1‰ 中性肥皂水或洗衣粉。

2. 草履蚧

草履蚧是一种为害苹果、桃、樱桃、柿、核桃等果树嫩芽、枝条的常见害虫，在我国多数果区均有分布。草履蚧为害果树的枝条，造成树势衰弱；若虫常群聚在嫩芽上为害，造成芽枯萎。

雌成虫的身体大，可达 1 cm，体如草鞋状，呈淡红色或红褐色，被白色蜡粉，表皮柔软，胸腹分节明显，腹部背面具气门。草履蚧为害多种果树的枝干，但以核果类为主。雄成虫虫体紫红色，体长 5～6 mm，具桑葚状的复眼，触角 10 节，翅发达为黑色，第 9 腹节背板具 2 个生殖突。

该害虫一年发生一代，以位于卵囊中的卵在根处的土中越冬。来年春季大地一解冻，卵即开始孵化。当树液开始活动时，即上树为害。当天气暖和时，在树上为害，当天气变冷时则下树潜藏。不仅小若虫有此习性，雌成虫也有此习性。雄虫一般取食 70～80 天后便下树潜藏于树干翘皮、根颈处的土中及多处隐蔽处，造一蜡质茧化蛹。雌虫则终生游走，不固定为害。5 月中、下旬雄成虫出现，此时雌虫已经羽化。交尾后，雄虫死亡。大约一个月后，于麦收期间雌虫开始产卵。卵产在位于根颈处的卵囊中。草履蚧多在枝干的嫩枝上为害，但在麦收前也可为害果实。核果类果树被害处出现红色的硬疔。

根据其上树习性可在早春采取防治措施。

（1）上树初期可在树干上涂抹废柴油（用量适量，否则易出现药害）。

（2）在树干基部绑薄膜环，阻止小若虫上树。

（3）在树干上抹机油或黄油黏附，以杀死上树的虫体。但应注意有相当数量的小若虫在根颈处为害，此法用在防治虫口密度较大时。此外，也可在清明前后喷药防治，可使用 10％吡虫啉 4 000 倍液等。

二、　树木虫害的综合防治

1. 化学防治

化学防治是用化学农药防治植物病虫害的方法，化学防治作用迅速，效果显著，使用方便、适用范围广，现已广泛应用。这种办法是应用有毒物质干扰有害生物的生理过程，从而将有害生物杀死。阻碍物质如抗菌素可阻止侵染物的扩展，排斥物质可影响害虫的感官，如散布难闻的物质。引诱物质可引诱昆虫而大量诱杀，性诱饵即属这类物质。毒物可经口（昆虫口器）、经皮（植物表皮）或内吸（植物液流）起毒害作用。毒物有少毒类或多毒类，有的还具有植物毒性，因此也可为害寄主。

常见化学虫害治疗药剂种类有以下几种：

（1）敌百虫。敌百虫为高效、低毒的有机磷制剂，对害虫具有强烈的胃毒作用和触杀作用，但持效期较短。

该药纯品为白色结晶，剂型有 90％原粉、80％可溶性粉剂、25％油剂。用 90％原粉 1 000 倍液喷雾，可防治金龟子、卷叶蛾、螟蛾、蓑蛾、刺蛾、尺蛾、夜蛾、叶甲、舟蛾等。

防治地下害虫时，可用 90％原粉 1 份加 100 份的饵料制成毒饵，诱杀地老虎、蝼蛄等。敌百虫对樱花、梅花的幼苗及苹果的某些品种易产生药害。该药易水解失效，故应随配随用，不要搁置很久。它对蚜虫、红蜘蛛等刺吸式口器类害虫的防治效果较差。

（2）敌敌畏。敌敌畏为高效高毒的有机磷杀虫剂，具有强触杀作用和胃毒作用，熏蒸作用也较强，但持效期短，残留低。原药为黄色油状液体，遇强碱性物质分解很快，一天后即完全失效。剂型有80％乳油、50％乳油。80％乳油稀释1 500～2 000倍液或50％乳油稀释1 000～1 500倍液可防治刺蛾、蚜虫、红蜘蛛、卷叶蛾、夜蛾、叶蝉、尺蛾、蚧虫、木虱。

用棉团浸蘸50％乳油30～50倍液塞入蛀孔，可防治天牛等钻蛀性害虫。每100 m³用80％乳油15～20 mL可熏蒸温室白粉虱。敌敌畏有较高的毒性，易挥发。故在夏季的中午高温时不宜喷药，防止中毒。应避免与碱性物质混用，防止失效。敌敌畏对樱花、梅、杏、睡莲、榆叶梅等容易产生药害，不要轻易使用。

（3）氧化乐果。氧化乐果为高效内吸性杀虫、杀螨剂，兼具有胃毒和触杀作用。

原油为浅黄至黄色油状液体。易溶于水、乙醇、丙酮和苯中，遇碱易分解。

剂型有40％乳油，以40％乳油稀释1 000～1 500倍液，防治蚜虫、红蜘蛛、粉虱、介壳虫、叶蝉、木虱、蓟马等刺吸式口器的害虫内吸效果好。它对一些蛾类或甲虫也能取得一定的防治效果。遇碱易失效，储存时间不宜过长，一般以一年为限。

其对梅、杏、桃、樱花、榆叶梅易发生药害；对人、畜毒性强，要防止进入口腔。另外市场上出售有乐果、增效乐果，性质与氧化乐果基本相似。

（4）杀螟松。杀螟松为广谱性杀虫剂，是高效低毒的有机磷杀虫剂，具有触杀和胃毒作用，但对螨类的防治效果差。原油为棕黄色油状液体，易溶于甲醇、丙酮等，对光稳定，遇高温或碱性物质易分解。

剂型有50％乳油、20％粉剂。用50％乳油稀释1 000倍液喷雾，可防治螟蛾、叶蝉、白粉虱、蚧壳虫、蚜虫、透翅蛾、凤蝶、夜蛾、蓟马等。对十字花科植物易产生药害，应慎用。另外应现配现用，且不能与碱性物质混合，不能在铁、铜、锡等金属容器中存放。

（5）辛硫磷。辛硫磷又名肟硫磷、倍腈松，是一种高效、低毒、低残留的广谱性杀虫剂，具有强触杀作用和胃毒作用，同时还具有一定的熏蒸作用，但持效期短。

原液为黄棕色油状液体，易溶于多种有机溶剂，遇碱性物质易分解，高温下也易分解。剂型有50％乳油、75％乳油、3％颗粒剂、5％颗粒剂。使用50％

乳油稀释 1 000～2 000 倍液喷雾可防治 3～4 龄刺蛾幼虫、蚜虫、红蜘蛛、凤蝶幼虫。

按 50％乳油 1 ∶ 50 倍稀释拌种，可防治蛴螬、蝼蛄、金针虫等地下害虫。施入土中有效期可达 1 个月左右，而叶面喷雾有效期仅为 1～2 天。不宜在高温季节施药，不宜与碱性物质混合；储存时，要放在阴暗处。

（6）三氯杀螨醇。三氯杀螨醇为杀螨剂，有很强的触杀作用，毒杀速度比较快，对螨卵、幼螨、若螨和成螨都有效，对植物较安全，对人、畜毒性低。

剂型有 20％乳油和 40％乳油。可用 20％乳油 600～800 倍液，40％乳油 1 000～1 500 倍液防治各种螨类，如柑橘全爪螨、山楂叶螨、卵形短须螨、刺足根螨等。

因该药无内吸作用，所以在喷药时，应细致周到。使药液能够接触虫体和卵。该药遇碱易分解失效，故不能与碱性药物混合施用。

（7）溴氰菊酯。溴氰菊酯又名敌杀死，为高效、广谱性杀虫剂，具有触杀、胃毒作用，无内吸作用，击倒速度快，持效期长，属于毒性较低的拟除虫菊酯类农药。

原药为白色粉末，不溶于水，溶于多种有机溶剂，遇碱易分解。剂型有 2.5％可湿性粉剂和 2.5％乳油。可用 2.5％乳油 2 000～2 500 倍液防治蚜虫、粉虱、刺蛾、卷叶蛾、夜蛾、蜡象、蓟马、叶蝉等多种害虫，但对螨类、甲虫类及部分蚧虫防治效果差。溴氰菊酯要注意不能与波尔多液、石硫合剂等碱性药剂混合使用。

2. 生物防治

生物防治具有许多优于化学防治的特点，如对人畜安全，不污染环境，不产生抗性，参与生态调控能起到保护生态平衡、持续控制病虫害的作用。其缺点是防治效果易受环境因素的影响，作用不如化学防治速效，人工培养有益生物的技术难度较高，能用于大量释放的天敌种类不多等。总的来说，运用生物防治进行生态调控是园林病虫害防治的发展方向，在园林病虫害可持续控制中有着广阔的应用前景。

（1）微生物防治。微生物防治主要是通过某种特定的微生物侵入病虫害体，杀死或抑制其生长发育。紫云金芽孢杆菌是一种相当有效的防治虫害的微生物，只对蝶类（鳞翅目）的幼虫有致病效用。这种微生物能产生一种在幼虫肠内溶解的毒素，是适用于约 150 种鳞翅目幼虫的特有的肠毒剂。在很多国家的林区，已成功地用于防治多种主要鳞翅目害虫，包括落叶松毛虫、松带蛾和落叶松线小卷蛾。这种菌剂可从飞机上喷洒，对其他生物体没有毒害作用。

（2）物理防治。物理防治是通过热处理、射线、机械阻隔等方法防治植物病虫害。任何生物，包括植物病原物对热都有一定的忍耐性，超过限度生物就要死亡。在绿化植物病虫害防治中，热处理又分干热和湿热两种方式。机械阻隔也能起到防治病虫害的作用。例如覆盖薄膜，许多叶部病害的病原物在病残体上越冬，花木栽培地早春覆膜可大幅度减少叶病的发生，如芍药地覆膜后，芍药叶斑病成倍减少，减少侵染来源。

三、 进行树木虫害防治时的注意事项

1. 药害的预防

必须按规定配制和使用药剂。

2. 安全防治

作业人员在施药时，应注意自身和环境的安全。必须按照安全施用农药的有关规定进行安全防护。室外施用药剂时，必须穿透气性较好的防护衣裤、胶鞋、胶皮手套、相对应的防毒面具或口罩、防护眼镜等。配药、施药现场，作业人员严禁吸烟、喝酒、用餐、饮水，不得用手擦摸面部；室外喷洒农药要注意风力、风向及晴雨等天气变化。应在无雨、三级风以下天气施药，不能逆风喷施农药。夏季高温季节喷施农药，要在上午 10 时前和下午 4 时后进行，中午不能喷药。作业人员每天喷药时间一般不得超过 6 小时。连续喷药 4 天后，应停止一天，一年中应有较多的休养期。捉、摘后的虫体要及时统一处理。养护器械要定期保养，使用前注意安全检查。

四、 常见树木虫害及防治

1. 国槐常见虫害与防治方法

国槐性强健，萌芽力及抗污染能力都很强，且树冠宽广，枝叶繁茂，寿命长，在我国南、北方广泛应用。但该树一旦遭受某些虫害，将会严重影响其生长，甚至导致死亡。

（1）槐蚜（见图 4—24）。一年发生多代，以成虫和若虫群集在枝条嫩梢、花序及荚果上，吸取汁液，被害嫩梢萎缩下垂，妨碍顶端生长，受害严重的花序不能开花，同时诱发煤污病。每年 3 月上、中旬该虫开始大量繁殖，4 月产生有翅蚜，5 月初迁飞槐树上为害，5—6 月在槐树上为害最严重，6 月初迁飞

至杂草丛中生活，8 月迁回槐树上为害一段时间后，以无翅胎生雌蚜在杂草的根际等处越冬，少量以卵越冬。

防治方法如下：

一是秋冬喷石硫合剂，消灭越冬卵。

二是蚜虫发生量大时，可喷 40％氧化乐果、50％马拉硫磷乳剂、40％乙酰甲胺磷 1 000～1 500 倍液、喷鱼藤精 1 000～2 000 倍液、10％蚜虱净可湿性粉剂 3 000～4 000 倍液或 2.5％溴氰菊酯乳油 3 000 倍液。

三是在蚜虫发生初期或越冬卵大量孵化后卷叶前，用药棉蘸吸 40％氧化乐果乳剂 8～10 倍液，绕树干一圈，外用塑料布包裹绑扎。

（2）朱砂叶螨（见图 4—25）。一年发生多代，以受精雌螨在土块孔隙、树皮裂缝、枯枝落叶等处越冬，该螨均在叶背为害，被害叶片最初呈现黄白色小斑点，后扩展到全叶，并有密集的细丝网，严重时，整棵树叶片枯黄、脱落。

图 4—24 槐蚜

图 4—25 朱砂叶螨

防治方法如下：

一是越冬期防治。用石硫合剂喷洒，刮除粗皮、翘皮，也可用树干束草，诱集越冬螨，集中烧毁。

二是化学防治。发现叶螨在较多叶片为害时，应及早喷药，防治早期为害，是控制后期虫害的关键。可用 40％三氯杀螨醇乳油 1 000～1 500 倍液、50％三氯杀螨砜可湿性粉剂 1 500～2 000 倍液、40％氧化乐果乳油 1 500 倍液或 20％灭扫利乳油 3 000 倍液喷雾防治，喷药时要均匀、细致、周到。如发生严重，每隔半月喷 1 次，连续喷 2～3 次有良好效果。

（3）槐尺蛾（见图 4—26、图 4—27）。又名槐尺蠖。一年发生 3～4 代，第一代幼虫始见于 5 月上旬，各代幼虫危害盛期分别为 5 月下旬、7 月中旬及 8 月下旬至 9 月上旬。以蛹在树木周围松土中越冬，幼虫及成虫蚕食树木叶片，使叶片造成缺刻，严重时，整棵树叶片几乎全被吃光。

图 4—26　槐尺蛾幼虫

图 4—27　槐尺蛾成虫

防治方法如下：

一是落叶后至发芽前在树冠下及周围松土中挖蛹，消灭越冬蛹。

二是化学防治。5 月中旬及 6 月下旬重点做好第一、二代幼虫的防治工作，可用 50％杀螟松乳油、80％敌敌畏乳油 1 000～1 500 倍液、50％辛硫磷乳油 2 000～4 000 倍液、20％灭扫利乳油 2 000～4 000 倍液或 20％灭扫利乳油 4 000 倍液喷雾防治。

三是生物防治。可用苏云金杆菌乳剂 600 倍喷雾防治。

（4）锈色粒肩天牛（见图 4—28、图 4—29）。两年发生 1 代，主要以幼虫钻蛀危害，每年 3 月上旬幼虫开始活动，蛀孔处悬吊有天牛幼虫粪便及木屑，被天牛钻蛀的国槐树势衰弱，树叶发黄，枝条干枯，甚至整株死亡。

图 4—28　锈色粒肩天牛幼虫

图 4—29　锈色粒肩天牛成虫

防治方法如下：

一是人工捕杀成虫。天牛成虫飞翔力不强，受振动易落地，可于每年 6 月中旬至 7 月下旬于夜间在树干上捕杀产卵雌虫。

二是人工杀卵。每年 7—8 月天牛产卵期，在树干上查找卵块，用铁器击破卵块。

三是化学防治成虫。每年 6 月中旬至 7 月中旬成虫活动盛期，对国槐树冠喷洒 2 000 倍液杀灭菊酯，每 15 天一次，连续喷洒 2 次，可收到较好效果。

四是化学防治幼虫。每年 3—10 月为天牛幼虫活动期，可向蛀孔内注射 80％敌敌畏、40％氧化乐果或 50％辛硫磷 5～10 倍液，然后用药剂拌成的毒泥巴封口，可毒杀幼虫。

五是用石灰 10 kg＋硫黄 1 kg＋盐 10 g＋水 20～40 kg 制成涂白剂，涂刷树干预防天牛产卵。

（5）国槐叶小蛾（见图 4—30、图 4—31）。一年发生 2 代，以幼虫在树皮缝隙或种子越冬，7—8 月危害最为严重，幼虫多从复叶叶柄基部蛀食危害，造成树木复叶枯干、脱落，严重时树冠出现秃头枯梢，影响美观。

图 4—30　国槐叶小蛾幼虫

图 4—31　国槐叶小蛾成虫

防治方法如下：

一是冬季树干绑草把或草绳诱杀越冬幼虫。

二是害虫发生期喷洒 40％乙酰甲胺磷乳油 1 000～1 500 倍液、50％杀螟松 1 000 倍液或 50％马拉硫磷乳油 1 000～1 500 倍液。

2. 桃树常见虫害与防治方法

（1）桃树蚜虫（见图 4—32）。桃树种植容易，但抗病虫害能力弱，最易受蚜虫、红蜘蛛、天牛等危害，还易发生褐斑病、缩叶病、树干流胶病等。

危害桃树的蚜虫常见有三种，即桃赤蚜、桃粉蚜和桃瘤蚜。桃赤蚜、桃粉

图4—32　桃树蚜虫

蚜危害普遍，桃瘤蚜仅在局部地区危害。每年春季当桃树发芽生叶时，蚜虫聚集在桃树嫩枝和幼叶上，用细长的口针刺入组织内部吮吸汁液，被害后的桃叶呈现小的黑点、红色和黄色斑点，使叶逐渐苍白卷缩，甚至脱落，既影响花芽的形成，又可削弱树势。蚜虫排泄的蜜露污染叶面及枝梢，使桃树生理作用受阻滞，常造成烟煤病，加速早期落叶，影响生长。危害桃树的蚜虫都是在早春危害桃树，特别4—5月蚜虫繁殖最快，是危害最重时期，夏、秋时转移到其他作物上危害，冬前再迁回到桃树上产卵越冬。以下为具体防治方法：

1）药剂防治。关键时期是冬卵孵化期，即桃树花芽萌动期和桃落叶后被害叶未卷叶以前。花后至初夏，根据当年虫情再用药1～2次。在秋后迁回桃树的虫量多时，也可适当用药一次。常用药剂有10％吡虫啉可湿性粉剂3 000倍液、10％氯氰菊酯乳油2 000倍液、80％敌敌畏油1 500倍液、50％抗蚜威可湿性粉剂2 000倍液、2.5％敌杀死乳油8 000倍液或一遍净、速灭杀丁等农药；对有抗药性的蚜虫，可用乐本斯2 000倍液与50％西维因300倍液混配后喷雾防治，或烟草1：石灰1：水60～80倍液。

当桃粉蚜分泌蜡粉后，使用湿润性不好的药剂时，需要在稀释的药液中加用0.1％～0.2％中性皂或0.5％牛皮胶。对卷叶中的桃瘤蚜，应使用具有内吸作用的杀虫剂。桃树蚜虫药剂防治效果目前最好的是吡虫啉，但不可使用乐果。

在蚜虫初发生时（即桃树萌芽期），可使用药剂涂茎防治法。以40％氧化乐果乳油7份，加水3份配成涂茎液，用毛刷将药液直接涂在主干周围（第一主干以下）约6 cm宽度。如树皮粗糙，可先将翘皮刮除后再涂药。刮翘皮时不要伤及嫩皮。涂后用纸包扎好。

此外也可使用打孔施药法。在枝干上由上向下刺45°的斜孔至木质部，再用9号注射针每孔注入50％甲胺磷乳油1 mL，施药后2～3天灭蚜效果明显。

2）保护天敌。桃树蚜虫的天敌种类很多，如七星瓢虫、大草蛉、食蚜蝇、寄生蜂等，对蚜虫的控制作用都很强。大草蛉一生可捕食4 000～5 000头蚜虫。对这些天敌加以保护，可适当减少打药次数。

3）合理配置树种。在桃树行间或附近，不宜种植烟草、白菜等农作物，以减少蚜虫的夏季繁殖场所。

4）加强树木管理。结合春季修剪、剪除被害枝梢、集中烧毁或在桃树落叶以前，采用化学方法或人工方法促使桃树提前落叶以减少飞往桃树上产卵的蚜虫数量。

3. 榆树常见虫害与防治方法

榆树耐干旱瘠薄，寿命可达百年，抗风保土能力强，叶片单位面积吸滞粉尘能力居乔木之首，是城市绿化特别是水泥厂、热电厂等粉尘污染较重地段绿化的首选树种。就榆树上常见的害虫为榆毒蛾、绿尾大蚕蛾、榆凤蛾。

（1）榆毒蛾（见图4—33、图4—34）

图4—33　榆毒蛾幼虫

图4—34　榆毒蛾成虫

1）形态特征。成虫：体长 12 mm 左右，翅展 25 mm 左右。体和翅白色，足的胫节和跗节橙黄色。卵：椭圆形，灰黄色，表面覆盖着灰黑色分泌物，成串排列。幼虫：老熟幼虫体长 30 mm 左右，体淡黄色。各节背面有白色毛瘤，瘤的基部周围为黑色，腹部第 1~2 节有黑色较大的毛丛。蛹：长 15 mm 左右，淡绿色，头顶有黑褐色毛束。

2）生活习性。华北地区一年 2 代，以初龄幼虫在树皮缝隙间、孔洞中结白色薄茧越冬。翌年 4 月中旬活动为害。6 月中旬幼虫老熟，在树上或建筑物缝处化蛹，蛹期 15~20 天。7 月初成虫羽化，有趋光性。雌蛾多产卵于枝条上或叶背，成串排列。初龄幼虫只食叶肉，残留表皮及叶脉，以后则吃成孔洞或缺刻，严重时可将叶片吃光。7 月中、下旬第 1 代幼虫孵化为害，8 月下旬化蛹，9 月初成虫羽化，9 月中、下旬第 2 代幼虫孵化，以幼虫越冬。

（2）绿尾大蚕蛾（见图4—35、图4—36）

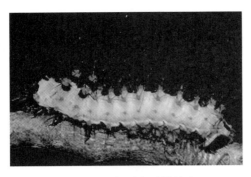

图 4—35　绿尾大蚕蛾幼虫　　　　　　图 4—36　绿尾大蚕蛾成虫

1）形态特征。成虫：体长 35～40 mm，翅展 122 mm 左右。体表具深厚白色绒毛，翅粉绿色，前翅前缘经前胸紫褐色，翅中央有一眼状斑纹，后翅尾状突起，长 40 mm。卵：球形稍扁，长 2 mm，灰褐色。幼虫：体长 80 mm 左右，黄绿色，气门上线为红色、黄色 2 条。体节有瘤状突起，以中、后胸 4 个及第 8 腹节背上 1 个特大，瘤突上有褐色、白色长毛，无毒。蛹：体长 45～50 mm，赤褐色。额区有 1 块浅色斑。茧：长卵圆形，灰黄或灰褐色。

2）生活习性。华北地区一年发生 2 代，在树上作茧化蛹越冬。越冬蛹 4 月中旬至 5 月上旬羽化并产卵。卵期 10～15 天。第 1 代幼虫 5 月上、中旬孵化。幼虫共 5 龄，历期 36～44 天。老熟幼虫 6 月上旬开始化蛹，中旬达盛期。蛹历期 15～20 天。第一代成虫 6 月下旬至 7 月初羽化产卵，幼虫 7 月上旬孵化，至9 月底老熟幼虫结茧化蛹。越冬蛹期 6 个月。

（3）榆凤蛾（见图 4—37、图 4—38）

图 4—37　榆凤蛾幼虫　　　　　　　　图 4—38　榆凤蛾成虫

1）形态特征。成虫：体翅黑色，体长 22 mm，翅展 55～91 mm，触角栉齿状，前翅褐色稍带黄褐色。反翅后角有尾状突起，外缘有 2 列不规则红斑。翅基片黑色各有 1 个红色斑点。腹部背面黑色，体节间红色（雌性）或橙黄色（雄性）。卵：圆球形，黄色，有光泽。幼虫：头黑色，全体被较厚白色蜡粉。只有在温水或酒精中浸泡去除蜡粉后，才可见虫体特征。老熟幼虫体长 44～58 mm，淡绿色，全身刚毛淡黄色，各节末端有 1 个黑色圆点。背浅黄色，亚背线及气门上线出褐色斑组成。气门黄色，围气门片黑色。各节间黄色，腹足外侧有 1 块近三角形黑色斑。蛹：黑褐色，外被椭圆形土茧。

2）生活习性。华北地区一年发生 2 代，以蛹在树冠落叶间、表土层越冬。次年 5 月初至 6 月羽化，5 月中旬至 6 月中旬孵化为害，6 月中下旬为害最重；6 月下旬至 7 月中旬下树作茧化蛹。第 1 代成虫于 7 月底至 8 月中旬羽化，4～8 天后产卵为害，幼虫期 30～38 天，共历 5～6 龄。成虫产卵聚生平铺，产于叶反面，每块 30～108 粒，每个雌成虫一生产卵 80～302 粒。幼虫初孵化时群聚叶背不动，2 龄起取食，长大后也有群集性，老熟幼虫沿枝干向地面爬行，在落叶下表上层及土石块间吐丝作茧化蛹。

（4）蛾类的综合防治方法

1）灯光诱杀。成虫羽化期利用黑光灯诱杀。

2）人工防治。结合养护管理摘除卵块及初孵群集幼虫集中消灭，消灭越冬幼虫及越冬虫茧。

3）生物防治。保护和利用土蜂、马蜂、麻雀等天敌。于绿尾大蚕蛾卵期释放赤眼蜂，寄生率达 60%～70%。于低龄幼虫期喷洒 25% 灭幼脲 3 号悬浮剂 1 500～2 000 倍液防治，于高龄幼虫期喷洒每毫升含孢子 100 亿以上苏云金杆菌乳剂 400～600 倍液防治。

4）化学防治。于幼虫盛发期喷洒 20% 灭扫利乳油 2 500～3 000 倍液或 20% 杀灭菊酯乳油 2 000 倍液。

4. 紫荆常见虫害与防治方法

紫荆又名满条红，其树姿优美，叶形秀丽，花朵别致，为常见的早春花木。紫荆栽培管理中常见的主要病虫害为大蓑蛾（见图 4—39）。

（1）生活习性。分布在我国湖北、江西、福建、浙江、江苏、安徽、天津、台湾等地区，寄主为茶、

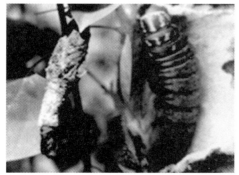

图 4—39　大蓑蛾蓑囊（左）和幼虫

油茶、枫杨、刺槐、柑橘、咖啡、枇杷、梨、桃、法国梧桐等。幼虫在护囊中咬食叶片、嫩梢或剥食枝干、果实皮层，造成局部茶丛光秃。该虫喜集中为害。

（2）防治方法。秋冬摘除树枝上越冬虫囊。6月下旬至7月，在幼虫孵化危害初期喷敌百虫800～1 200倍液。可保护寄生蜂、寄生蝇等天敌进行防治。

5. 紫薇常见虫害与防治方法

紫薇常见虫害为紫薇长斑蚜（见图4—40）。

图4—40 紫薇长斑蚜

（1）生活习性。在我国北方每年发生5～8代，以卵在芽、梢附近越冬，5月为发病初期，6月盛期，若虫和成虫群集为害嫩叶，刺吸汁液，影响生长发育。

（2）防治方法

第一，早春刮除老树皮及剪除受害枝条集中烧毁，消灭越冬卵。

第二，加强栽培管理措施，减少病源。

第三，蚜虫量大时，可用40％氧化乐果、40％乙酰甲胺磷1 000～1 500倍液或喷鱼藤精1 000～2 000倍液，但要注意避免发生药害。

第四，有条件的地方人工繁殖和散放天敌，如异色瓢虫及草蛉幼虫。

第五，利用色板诱杀，诱粘有翅蚜虫或采用白锡纸反光，拒栖迁飞的蚜虫。

6. 栾树常见虫害

栾树常见虫害为栾树枣龟蜡介（见图4—41）。枣龟蜡介属同翅目，蜡介科，又名日本蜡介、枣包甲蜡介，俗称枣虱子。在栾树上大面积发生时严重者全树枝叶上布满虫体，枝条上附着雌虫远看像下了雪一样，若虫在叶上吸食汁液，排泄物布满全树，造成树势衰弱，也严重影响了绿化景观。

图4—41 栾树枣龟蜡介

（1）生活习性。该虫一年1代，以受精雌成虫密集在一、二年生小枝上越冬，卵就产在雌虫下，每只雌虫可产卵 1 500～2 000 粒，越冬雌成虫 3、4 月间开始取食，4 月中、下旬虫体迅速增大，5 月中、下旬开始产卵，卵期长达 25～30 天，若虫 6 月下旬开始发生，初孵化的若虫多静伏在雌虫的介壳下，经数日后才分散外出，多爬到叶片的叶脉两侧危害，数日后即分泌蜡质，形成介壳，固定不动。雌虫发育成熟后再由叶片迁回枝上，并与雄虫交配，以后即在枝上固定越冬。雄性若虫 8 月上、中旬开始化蛹，蛹期 15 天左右，8 月下旬、9 月上旬羽化为成虫，雌、雄虫交尾后，雄虫即死亡，以雌虫越冬。

在卵孵化期间，遇雨水多、空气湿度大、气温正常时，卵的孵化率和幼虫成活率都很高，可达 100%，当年为害重。反之，在此期间缺雨、气温高、干燥，大量卵和初孵若虫会干死在母壳下，当年危害就轻；雌成虫越冬期间，雨雪较多，枝条上结成冰凌情况下，自然死亡率就高。

（2）防治方法。从 11 月到第二年 3 月，可刮除越冬雌成虫，配合修剪，剪除虫枝。打冰凌消灭越冬雌成虫，严冬时节如遇雨雪天气，枝条上有较厚的冰凌时，及时敲打树枝振落冰凌，可将越冬虫随冰凌振落。若虫大发生期喷 40% 氧化乐果＋40% 水胺硫磷 1 000～1 500 倍，喷 2～3 次，间隔 7～10 天。用 25% 的呋喃丹可湿性粉剂 200～300 倍在 5 月灌根 2 次，对杀死若虫效果很好。

第 5 章

草坪的栽植与养护

第1节　草坪的栽植

 学习单元1　草坪栽植的准备

草坪与人类的生产和生活密切相关，作为覆盖地面的"绿色地毯"草坪栽种范围已越来越广。它可以美化生活环境，净化空气，改善小气候，降低噪声，保持水土，提供良好的运动比赛场地等。要想保证草坪种植之后有良好的成活率，达到期望的栽植效果，栽种之前的准备工作必须到位。

一、栽植前场地的准备

1. 翻耕

草坪建坪、种植前对土壤进行耕、旋、耙、平等一系列操作称为翻耕。

通过翻耕将建坪地上的绿肥、杂草、植物残体或基肥翻耕到土壤表层以下，提高整地质量和肥力的长效性，并可疏松表层土壤，促进土壤风化，使坚实的心土表土化，增加土壤总孔隙度和通气性。

（1）宜耕期。耕作宜在适宜的土壤湿度下进行，具体检验方法是用手将土捏成团，抛到地上即散开时为最好。

（2）耕作措施。翻耕面积大时，可先用机械犁耕，再用圆盘犁耕，最后耙地。地面积小时，可以人工用铁锹、锄头、耙等工具对土地进行翻挖、碎土、耙土，或用旋耕机耕1～2次，可达到同样的效果。

翻耕的时间以秋、冬季为好，新耕地应耕深20～30 cm。老坪地或老耕地可适当浅耕，一般为15～25 cm。

2. 整地

（1）清除土壤杂物。捡去石子、硬土、草根、草茎及一些建筑、生活垃圾，创造一个良好的草坪净土。

（2）改良土壤质地。若场地土质不适宜进行种植，则要进行土质的改良。一般是黏土掺沙，沙土掺黏，使得改良后的土壤质地为壤土或在黏土至沙壤土

的范围内。常用改良方法有以下几种：

1）施用有机改良剂。多施有机质（泥炭首选），其他的一些有机改良剂如秸秆、锯屑、农糠等。

2）客土法（见表5—1）。客土法换土厚度不得少于 30 cm，应以肥沃的壤土或沙壤土为主。为了保证回填土的有效厚度，通常应增加 15％的土量，并逐层镇压。

表 5—1　　　　　　　　　　　客土质量标准

项　　目	质量标准	项　　目	质量标准
土壤质地	沙壤土、壤土等不易板结	pH 值	5.5～8
有效水	有效水分保持量应大于 80 L/s	有机质	富含有机质，有机质含量 50 g/kg 以上
透水性	透水性好，透水系数大于 10～4 cm／s	水溶性盐含量	4 g/kg 以下

（3）土壤酸碱性的调节方法见表5—2。

表 5—2　　　　　　　　　　土壤酸碱性调节方法

类别	调节方法
酸性土壤改良	施石灰和石灰石粉
碱性土壤改良	施石膏、硫黄、硫酸亚铁或明矾等
排洗土壤盐碱	排碱洗盐和增施有机肥料

（4）整平。先进行粗平整，通常是挖掉突起部分和填平低洼部分。在平整场地时，应考虑建成后的地形排水，一般要求场地中心稍高，四周逐步向外倾斜。坡度一般为 0.3％～0.5％；然后进行细平整，平滑土表，为种植做准备。

3. 喷灌系统的选择

草坪喷灌系统由以下几部分组成：

（1）水源。水源条件对于喷灌系统的规划设计是至关重要的。应对不同的水源进行分析和比较，选择技术上可行、经济上合理的供水方案。

（2）水泵。水泵包括离心泵、自吸泵、潜水泵、管道泵等。

（3）管道系统。管道系统包括干管、支管及各种连接管件。

（4）阀门和控制系统。阀门用以调节通过本系统的水流，自动化系统的遥控阀是由控制器操作的。

（5）喷头。喷头是喷灌系统的关键部分，其作用是把压力水流喷射到空中，散成细小的水滴并均匀地散落在地面上。

应本着经济适用的原则，根据功能上的需要，合理选择喷灌系统的类型。

常见喷灌系统见表5—3。

表5—3 　　　　　　　　　　　　常见喷灌系统

概况	类　　型	
	固定式喷灌系统	移动式喷灌系统
结构	所有管道系统及喷头在整个灌溉季节中甚至常年都固定不动，水泵及动力构成固定的泵站，干管和支管多埋在地下，喷头靠竖管与支管连接	除水源外，动力、泵、管道和喷头都是移动的
优点	管理方便，极为省工，运行成本低，工程占地少，地形适应性强，便于自动化控制，灌溉效率高	设备利用率高，单位面积设备投资小，操作灵活
缺点	需要大量管材，单位面积投资高	管理强度大，工作时占地较多
适用范围	在经济发达地区、劳动力紧张的情况下应首先选用	运动场、赛马场及大面积草坪

4. 施肥

草坪施肥应根据草坪草种品种、生长情况及土壤养分状况确定施肥种类、数量和时间。为了满足草坪生长中对各种营养元素的需求，应坚持平衡施肥的原则。

（1）肥料用量。草坪氮肥用量不宜过大，否则会引起草坪徒长，增加修剪次数，并使草坪抵抗环境胁迫的能力降低。一般高养护水平的草坪年施氮量每亩30～50 kg，低养护水平的草坪年施氮量每亩4 kg左右。磷施肥量一般养护水平草坪每亩为3～9 kg，高养护水坪草坪每亩为6～12 kg，新建草坪每亩可施3～15 kg。对禾本科草坪草而言，一般氮、磷、钾比例宜为4：3：2。

（2）施肥时期。一般情况下，暖季型草坪在一个生长季节可施肥2～3次，春末夏初是最重要的施肥时期。南方地区暖季型草坪，可在秋季施一次缓释肥，避免草坪因缺肥而缺绿。冷季型草坪施肥时间是在晚夏、晚秋。

（3）施肥方法。草坪施肥均匀是关键，施肥不均匀，会破坏草坪的均一性，肥多处草生长快、颜色深而草面高；肥少处色浅草弱；无肥处草稀、色枯黄；大量肥料聚集处，出现"烧草"现象，形成秃斑，降低草坪质量和使用价值。

　　根据肥料的形态和草坪草的需肥特性，草坪施肥方法通常分为喷施、撒施和点施。一般大面积草坪采用机械施肥，小面积草坪可采用人工施肥。人工施肥，通常是横向撒施一半、纵向撒施一半。施用液体肥料一定要掌握好浓度。固体肥料用量较少时，应用沙或细干土拌肥，目的是使肥料撒施更均匀。

二、　草坪草种的选择

1. 根据草坪草对温度和地理条件的适应性选择草种

　　各类草坪草对温度和地理条件的适应性见表 5—4。

表 5—4　　　　　　　　　草坪草对温度和地理条件的适应性

种类	暖季（地）型草坪草	冷季（地）型草坪草
分类说明	适宜生长温度为 26～35℃，主要生长在长江流域及以南地区，草的生长主要受低温及其持续时间的限制	适宜生长温度为 15～25℃，主要生长在华北、东北、西北等地区，草的生长主要受高温的强度及其持续时间的限制
主要草坪草	结缕草、沟叶结缕草、细叶结缕草、中华结缕草、狗牙根、杂交狗牙根、巴哈雀稗、弯叶画眉草、野牛草、地毯草、钝叶草、假俭草、洋狗尾草、马蹄金等	草地早熟禾、扁茎早熟禾、粗茎早熟禾、匍茎剪股颖、细弱剪股颖、小糠草、匍紫羊茅、紫羊茅、硬羊茅、苇状羊茅、黑麦草、无芒雀麦、碱茅、扁穗冰草、沙生冰草等

　　草坪草对温度的适应性表现为耐热性和耐寒性，同样是暖季型草，耐热性略有差别，其耐寒性也不同；同样是冷季型草，耐寒性和耐热性也不尽相同，详见表 5—5。

表 5—5　　　　　　　　　草种的耐热性和耐寒性分类

分类		草　　　种
耐热性	极强	结缕草、狗牙根、野牛草、地毯草、假俭草、高羊茅
	强	匍茎剪股颖、草地早熟禾、细弱剪股颖
	弱	扁茎早熟禾、羊茅、紫羊茅、多年生黑麦草、小糠草
耐寒性	极强	匍茎剪股颖、草地早熟禾、扁茎早熟禾、细弱剪股颖
	由强到弱	紫羊茅、高羊茅、多年生黑麦草、结缕草、狗牙根、多花黑麦草、雀稗、假俭草、地毯草

　　种类繁多的草坪草按上述办法分类后，草坪建植者选择草种十分方便，不

会因选种不当而造成生产成本和管理费用的浪费，以上分类是选择草种时首先应参照的依据，但并不是绝对的标准，比如许多冷季型草坪草在南方的秋冬季节郁郁葱葱，而结缕草、野牛草等暖季型草坪草在北方的炎热季节仍然生长旺盛，这还需要结合建坪的具体要求来确定。另外，同一种类的草坪草的不同品种之间也存在着一定差别。

2. 根据土壤条件来选择草种

土壤的质地、结构、酸碱度、肥力、水分是选择草种的主要依据，一般的草坪草对土壤的适应范围都较宽，但对于冷季型草坪草而言，还是以质地疏松、团粒结构的土壤生长最好。如果遇到较黏重土壤，应加以改良，然后再建植草坪。草坪草对酸碱度的适应性表现为耐酸、耐盐碱性的强弱，过酸过碱对草坪草生长均不利，必须通过改良才能建植草坪。结缕草、黑麦草、狗牙根、地毯草、扁茎早熟禾、小糠草、剪股颖、高羊茅属等对酸碱度的适应范围较宽；碱茅耐盐碱性很强，在 pH 值为 8.5 的土壤上能正常生长。狗牙根和百脉根具有较高的耐盐性，其次是多年生黑麦草、苇状羊茅和鸭茅。

草坪草对土壤肥力的适应性表现为：耐土壤贫瘠；对土壤水分不足的适应性表现为抗旱性；对土壤水分过量的适应性表现为耐涝性。各类草坪草适应性的强弱见表 5—6。

表 5—6 各类草坪草适应性的强弱

适应性	由 强 至 弱
耐土壤贫瘠	紫羊茅、扁茎早熟禾、多年生黑麦草、草地早熟禾、细弱剪股颖、匍茎剪股颖
	雀稗、地毯草、假俭草、结缕草、钝叶草、狗牙根
抗旱性	细叶羊茅、高羊茅、草地早熟禾、多年生黑麦草、细弱剪股颖、匍茎剪股颖
	狗牙根、结缕草、雀稗、钝叶草、假俭草、地毯草
耐涝性	匍茎剪股颖、高羊茅、细弱剪股颖、草地早熟禾、多年生黑麦草、细叶羊茅
	狗牙根、雀稗、钝叶草、地毯草、结缕草、假俭草

3. 根据草坪草对遮阴条件的适应性来选择草种

植物正常生长发育需要一定的光照，以完成光合作用，维持机体的正常代谢。如果光照不足，整个草坪都将受到影响，叶片变薄、变宽、变长，草坪密度降低，分蘖减少变慢，垂直生长显著，抗病性明显降低，易出现斑秃。但是这并不意味着草坪草在遮阴条件下都生长不良，草对遮阴造成的光照不足的适应性称为耐阴性。暖季型草的耐阴性不如冷季型草，其中钝叶草和结缕草最耐阴，狗牙根最弱；冷季型草的耐阴性按强弱次序依次为细叶羊茅、细弱剪股颖、苇状羊茅、匍茎剪股颖、草地早熟禾、多年生黑麦草。

4. 根据欲建草坪的用途来选择草坪草种

即使在同一地区，草坪用途不同，所选草坪草种也不同。以北京地区为例，高尔夫球场要求草坪耐低修剪，坪面均一，因而可选匍茎剪股颖；足球场草坪要求耐践踏，可选结缕草、高羊茅、草地早熟禾等；公园绿地观赏草坪，要求草坪细腻，色泽优美，可选草地早熟禾、多年生黑麦草、匍茎剪股颖等；公路边坡用于固土护坡的草坪，要求抗逆性强、耐贫瘠、耐粗放管理，可选高羊茅、冰草、雀麦、结缕草、百喜草、狗牙根、画眉草、假俭草及其他非草坪草植物，如沙打旺、苜蓿、小冠花、含羞草等；一般的街道绿地，可选白三叶、草地早熟禾、多年生黑麦草、高羊茅、细叶结缕草、马蹄金等。

5. 根据建坪成本和养护管理水平选择草坪草种

如匍茎剪股颖草坪要求管理精细，显然不适宜公路边坡及街道种植。

此外，在选择草坪草种时，还要考虑成坪时间的要求，如果要求在很短时间内成坪，则要选择出苗迅速、成坪快的草种，如多年生黑麦草和高羊茅等。

 **学习单元 2　草坪栽植的技术**

草坪的栽植有多种方式，每种方式都有各自的技术要点和应用环境，专业人员应能够根据实际作业环境选择合适的栽植技术，达到经济、高效的目的。

一、　植草方式的选择

植草方式的选择应本着因地制宜的原则，结合现场的实际条件、预算水平和观赏效果要求选择适当的植草方式。

二、　草坪栽植的实施方法

草坪栽植的实施方法一般有种子直播法、铺装预制草皮等。

1. 种子直播法

种子直播法是将草坪草种子直接播种于待建坪床内、建立草坪的方法。

（1）播种时间 。播种时间主要以温度为依据，主要考虑当地播种时的温度和播后 2～3 个月内的温度状况。

冷季型草坪草适宜的播种时间是早春和夏末秋初，但在生产实践中，夏末秋初是冷季型草坪草最适宜的播种时期。暖季型草坪草以春末夏初播种较好。

草坪草种子的播种量取决于种子质量、混合组成、土壤状况以及工程要求。

（2）播种量。播种量确定的最终标准是以足够数量的活种子确保单位面积上幼苗的额定株数，即 10 000～20 000 株/m²。几种常见草坪草种的参考单播量见表 5—7。

表 5—7 　　　　　　　　　　几种常见草坪草种参考单播量

草种	正常量（g/m²）	加大量（g/m²）
普通狗牙根（去壳）	3～5	7～8
普通狗牙根（不去壳）	4～6	8～10
草地早熟禾	6～8	10～13
中华结缕草	5～7	8～10
普通早熟禾	6～8	10～13
紫羊茅	15～20	25～30
多年生黑麦草	30～35	40～45
高羊茅	30～35	40～50
剪股颖	4～6	8～10
一年生黑麦草	25～30	30～40

（3）播种方法。播种前首先要对播前种子进行处理，目的在于提高种子发芽率和发芽速度，减少播种量，节约种子，进行种子消毒，有利于草种早出苗，提高出苗质量。常用的处理方式有晒种、石灰水浸种、催芽、药剂拌种等方法。

播种是将草坪草种子均匀分布在建坪地上，使种子掺和到 0.5～1.0 cm 的土层中。一般分为人工撒播（见表 5—8）（适宜小面积的播种，要求播种者技术熟练）和机械播种（播种均匀，能保证播种质量，尤其适宜运动场草坪的建植）两大类。

机械播种常用的播种机有下落式和旋转式的播种机，适用小面积的播种。旋转式的播种机效率高，但播种的均匀度稍差，易受风的影响。下落式播种机播种均匀度高，但速度慢。

大面积播种时最好使用大型机械播种机，效率高，播种质量高，还能实现播种、滚压一次完成。

表 5—8　　　　　　　　　　　　两种人工播种方式的操作方法

单 一 草 种	混 播 草 种
把建坪地划分成等面积的若干块或条（每 2～3 m 一条），相应地把种子分成若干份	将混播的草坪草种子分开播种，先播某一种种子，然后再播另一种，并要从不同的方向重复播种
把每份种子再分成两份，南北方向来回播一次，东西方向来回播一次。若种子过于细小，可以掺和细沙或细土后撒播	先让某一草种基本出苗整齐，然后再在上面补播另外的草种
用钉齿耙或钢丝（竹丝）扫帚轻搂、轻拍，使表土与种子均匀混合。深度约为 1 cm。若覆土，应将细土分成若干份撒盖在种子上（覆土厚度约 1 cm）	播种后的操作方法与其他播种方式相同
轻压，使种子和土粒充分接触，保证土壤墒情。注意此时土壤不能过于潮湿，以免压后地面板实	—

　　喷播技术是目前较为高效的种植方式，应用较为广泛。喷播技术是以水为载体，将草坪种子、纤维覆盖物、生长素、土壤改良剂、复合肥等成分通过机械均匀混合，并用专用设备喷洒在地表生成草坪，达到绿化效果的一种草坪建植方式。

　　喷播法建坪适用于施工难度较大斜坡、堤坝及铁路、高速公路两侧的隔离带和护坡进行绿化，也可用于高尔夫球场、飞机场等大型草坪的建植。这些地方地表粗糙，不便人工整地或机械整地，常规种植方法不能达到理想的效果。喷播法的优缺点见表 5—9。

表 5—9　　　　　　　　　　　　喷播法的优缺点

优　　点	缺　　点
成坪快、成活率高，喷播法能很好地保护种子与土壤接触	喷播法设备和材料投入较高
播种均匀，效率高。播种的同时，肥料、保水剂、浇水等一次完成，节省种子，成本低	纤维来源比较困难，不便于储存和长途运输
可在坡地不易施工的地方进行播种，该方法不但能有效地控制水土流失，同时可抗风、抗雨、抗水冲	草坪草出苗后还需要一定时间根系才能透过喷播层扎进土壤。在根系能够从土壤中吸水之前，需仔细观察，防止喷播层水分不足而造成幼苗死亡
可以用于湿种子的播种，解决了湿种子播种的困难，从而解决了对草种进行催芽处理后的播种困难	

2. 铺装预制草皮

铺装预制草皮的方法一般包括铺植法、播茎法、草皮柱塞植法、分株法和插枝条法等。

铺装预制草皮的适宜时间是春末夏初或秋天，建坪材料为草皮块（卷）或者枝条和匍匐茎。

图 5—1　密铺法的操作方法

（1）铺植法

第一种，密铺法（见图 5—1）

密铺法建植成本最高，能有效地实现"瞬时草坪"，景观质量好。

第二种，间铺法

此法可节约草皮，适于匍匐性强的草种。

第一种方法是用长方形的草皮块将草皮或草毯起成长条形（见图 5—2 和图 5—3），规格大小不等，一般长 30～40 cm，宽 20～30 cm，草块间留有明显的间距，间距约为草块宽度的 1/3，铺植在场地内，经镇压、浇水成活。草皮铺植面积为总面积的 1/3～1/2，一般 40～60 天成坪。

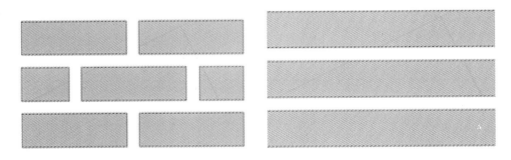

图 5—2　块铺式间铺法　　　　　　图 5—3　条铺式间铺法

第二种方法是用近四方形的草皮块将草皮或草毯分成小块（见图 5—4），用草块相间排列，形似梅花，栽入坪床，经镇压、浇水成活。草皮铺植面积为总面积的 1/2 左右，且分布较均匀，但成坪时间较长，为 60～80 天。

（2）播茎法。利用草坪草的匍匐茎作"种子"均匀地撒播在整好的地面上，再进行覆土、浇水、除草等工序，直至管理成坪。

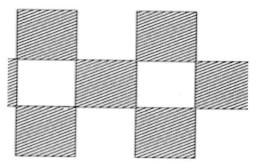

图 5—4　近四方形的草皮块间铺（梅花式间铺）

播茎法成坪有生产周期短；投资少，操作简单，省工，成本低；形成草坪质量和景观与种子播种法建立的草坪相仿；种（草茎）源草坪占用农田的量缩小到最低，且不破坏土壤；草茎的运输量与运输草皮相比较少，但草茎上不带土，运输时极易脱水，运输过程中应注意保温；建植大面积草坪较好；对于有些不产生种子或种子生产困难的草种特别有利等特点。

播茎法建植草坪步骤见表 5—10。

表 5—10　　　　　　　　　　　　播茎法建植草坪步骤

步骤	操 作 内 容
场地准备	坪床要精细平整，土层深厚肥沃，一般在撒匍匐茎之前在坪床上喷水，使坪床土壤潮而不湿
播茎	用人工或机械把打碎并带有 2~3 个节的匍匐草茎均匀地撒到坪床上，草茎用量为 0.5 kg/m² 左右
覆土	覆细土，使草坪草匍匐茎埋入或部分埋入土中
镇压	轻轻镇压后，使草茎与坪床紧密接合
灌溉	镇压后立即喷水灌溉，保持湿润，直至匍匐茎扎根长出新叶

（3）草皮柱塞植法。此法是先在备草区取得小柱状草皮和利用环刀或机械取出的草皮塞，在所需区域插入坪床的一种建植方法。多用于修补被破坏的草坪，还可以用在裸土建植新草坪和将新种引入已形成的草坪之中。

草皮柱塞植建植草坪步骤见表 5—11。

表 5—11　　　　　　　　　　　　草皮柱塞植建植草坪步骤

步骤	操 作 内 容
准备	草皮块一般为正方形或圆形，草皮块的大小约为 5 cm×5 cm，高一般为 5 cm，栽植行间距为 30~40 cm

续表

步骤	操作内容
挖穴	在塞植材料到来之前，先用钢制塞植刀（移植铲或小铲子）挖穴，穴的大小通常要比塞植材料本身的直径大 5 cm，比其深 2.5 cm
栽植	当塞植材料到来后，使土壤轻微湿润，把塞植材料塞入穴中，固定周围的土壤，栽植时应注意使草坪块上部与表土面平齐
镇压	轻轻镇压后，使草茎与坪床紧密接合
浇水	镇压后立即喷水灌溉，保持湿润，直至匍匐茎扎根长出新叶

塞植法建植草坪的特点是带土栽植，成功的概率较高，但成坪的速度要慢一些，草塞之间的裸地大约需要 2 年才能完全长满，成本也较高。成坪后，往往布满小草墩。若由于灌溉、大雨等因素使土壤冲刷，产生不平的草坪，可加一些覆土，使草坪水平。

（4）分株法（见表 5—12）。分株法是将草皮或草毯的整个植株分成 2～4 株为一组，按一定的距离栽入疏松的坪床内，通过浇水等养护管理而形成草坪的方法。

表 5—12   **分株法建植草坪的两种方式**

穴栽法	沟植法
一般为 10 cm×10 cm 或 20 cm×20 cm 的株行距开穴，为使栽植后种苗生长整齐，可在坪床上交叉划行，在十字线处栽苗，每穴栽入一组株丛，培土固定，最后滚压和喷水保湿	将种苗栽植在沟中，人工栽植时常是单行栽植，即开一条沟，沟深 5～8 cm，放入株丛，按照株距 10～20 cm 栽入沟内；再开第二行的沟，沟的间距为 15～30 cm，使挖出的土填入第一行的沟中，以后依次条植；最后滚压和喷水保湿

（5）插枝条法。插枝条法主要用来建植有匍匐茎的暖季草坪草。

草坪草枝条不带土，每根枝条上要有 3～4 个节。把枝条种在间距 15～30 cm、深 5～8 cm 的条沟中，之后填土，使一部分枝条露出土壤表层。插入枝条后立刻滚压和灌溉，以加速草坪草的恢复和生长。有时也可直接把枝条放在土壤表面，然后用小扁棍把枝条插入土壤中。

第 2 节　草坪的养护

 **学习单元 1　草坪的除草**

　　草坪建设中一个不容忽视的问题是重种轻养，尤其是杂草的危害日趋严重，使草坪面目全非。草坪杂草与草坪争光、争肥、争空间，且淡化草坪的作用，降低草坪的美学价值。受害草坪植物表现为个体纤细、脆弱、耐寒、耐旱、耐践踏性降低，使得草坪易退化及死亡，甚至造成草荒。因此，草坪种植中防除杂草是关键。

一、常见杂草

　　草坪杂草一般是指草坪中非有意识栽培的植物。草坪中的杂草种类，除极少数来源于草坪种子携带，大多是农田中杂草种类的缩影。杂草是草坪生产栽培的大敌，面积占草坪种植的 5% 以上，其中危害严重的可达 10%～40%，甚至更高。草坪在一年中的养护费用及工作精力，大部分被防除杂草所占用。

　　1. 夏季一年生禾本科杂草（见图 5—5）

　　四种最常见的夏季田间禾本科杂草是狗尾草、稗草、马唐和牛筋草。它们在夏季高热条件下会大量生长，由于与早熟禾和高羊茅等草坪草同属单子叶植物，选择性除草剂使用的技术要求较高，需要在草坪草生长到具有一定耐药性的阶段才能按规定剂量使用，其中又以牛筋草的防治难度最大。狗尾草的命名源自其穗子的形状，直立生长丛生型。稗草喜潮湿，在不同环境下可直立也可匍匐生长。马唐有发达的不定根，牛筋草的主根特别强韧，很难用手拔除，这也是其名称的由来。上述 4 种杂草的种子于 7—9 月成熟，比早熟禾和高羊茅等冷季型草坪草种子的成熟期晚，加上它们种子的形状也不同，所以草坪种子中几乎不会含有它们。

　　2. 阔叶杂草（见图 5—6）

　　马齿苋、苋菜、藜和斑地锦是常见的阔叶杂草，它们是双子叶植物，适时选用选择性除草剂防除较容易，如 2，4-D 和巨星等。乙羧氟草醚（除阔宝，触杀型）对马齿苋和藜的防除效果很好。

狗尾草　　　　　　　　　稗草

马唐　　　　　　　　　牛筋草

图5—5　常见夏季一年生禾本科杂草

马齿苋　　　　　　　　　藜

苋菜　　　　　　　　　斑地锦

图5—6　常见阔叶杂草

3. 莎草科杂草（见图 5—7）

莎草科杂草是单子叶植物，但与茎秆圆形或近圆形的禾本科杂草不同，其茎秆多为三棱形，也被泛称为"三棱草"。莎草科杂草更喜欢阴湿的环境。北方常见的如香附子、褐穗莎草、碎米莎草和苔草等，南方水蜈蚣更常见。专用除草剂主要含有苯达松和二甲四氯等成分。

香附子　　　　　　　　　　褐穗莎草

碎米莎草　　　　　　　　　水蜈蚣

图 5—7　常见莎草科杂草

二、　杂草的化学防治

1. 化学除草的原理

除草剂从叶面和根部进入植物体。触杀型除草剂进入植物体后，与细胞原生质体发生牢固地结合，造成吸收到药剂的细胞和周围的邻近细胞死亡，起到局部的触杀作用。传导型（内吸型）除草剂进入植物体后，通过输导系统传导到分生组织，起毒杀作用。

虽然除草剂各不相同，但其杀草的实质是一样的，即干扰和破坏杂草体内的正常生理生化活动，导致杂草的死亡。植物体是一个复杂的、统一的有机体，在其生长发育中，体内生理生化活动是统一与协调的，一旦其中一个环节受到干扰或破坏，正常生理生化活动就受到破坏，植物的生长就会受到影响，甚至死亡。现在所用的除草剂，虽然作用各不相同，但归纳起来，其作用机制主要有导致植物生长异常、干扰呼吸作用与电子传递、抑制光合作用、干扰蛋白质合成和核酸代谢 4 类。

2. 化学除草的优劣势

（1）优势。化学除草省工、省时，低成本、高效率，后期杂草发生量少，这是人工拔草所不能比的。而且化学除草还有封闭作用，以后新出的杂草要少得多。

化学除草对草坪干扰少，为草坪草生长提供合理的环境。化学除草费用低，一次费用为人工费用的 1/4～1/3，一年的费用为人工费用的 1/10～1/8。化学除草劳动强度低，一个人每天可以喷施 7～9 亩草坪，机器喷雾效率更高，具有大面积除草优势。

（2）劣势。化学除草剂使用不当，会导致药害，伤害甚至杀死苗木，容易污染环境。

3. 草坪常用除草剂及其使用方法（见表 5—13）

表 5—13　　　　　　　　　草坪常用除草剂及其使用方法

类型	名称	参考用量	作用杂草	药品特点
苯氧羧酸类	2，4-D 丁酯（72%乳油）	700～1 000 mL/hm²	一年和多年生阔叶杂草及莎草、藜、苍耳、问荆、芥、苋、葎草、马齿苋、独行菜、蓼、猪殃殃等	选择性内吸传导型、激素型除草剂
	2 甲 4 氯（20%水剂）	2 300～3 000 mL/hm²	异型莎草、水苋菜、蓼、大巢菜、猪殃殃、毛茛、荠菜、蒲公英、刺儿菜等阔叶杂草和莎草科杂草	选择性内吸传导型、激素型除草剂
芳氧苯氧丙酸类	稳杀得（35%乳油）	700～1 200 mL/hm²	稗草、马唐、狗尾草、雀稗、看麦娘、牛筋草、千金子、白茅等一年生及多年生禾本科杂草，对阔叶杂草无效	高度选择性的苗后茎叶除草剂

类型	名称	参考用量	作用杂草	药品特点
芳氧苯氧丙酸类	禾草克（10%乳剂）	600～1 200 mL/hm²	看麦娘、野燕麦、雀麦、马唐、稗草、牛筋草、画眉草、狗尾草、千金子等多种一年生及多年生禾本科杂草，对阔叶杂草无效	高效选择性内吸型苗后除草剂
	高效盖草能	500 mL/hm²	一年生或多年生禾本科杂草，如稗草、千金子、马唐、牛筋草、狗尾草、看麦娘、雀麦、野燕麦、狗牙根、双穗雀稗等杂草，对阔叶杂草及莎草无效	选择性内吸传导型茎叶处理剂（也可做土壤处理剂）
	盖草能（12.5%乳油）	600～1 200 mL/hm²	稗草、马唐、牛筋草、千金子、狗尾草、野黍、雀麦、芒稷等一年生及多年生禾本科杂草，对阔叶杂草和莎草科杂草无效	选择性内吸传导型苗后除草剂
	精禾草克	450～1 000 mL/hm²	对禾本科杂草有很高的防效，如野燕麦、马唐、看麦娘、牛筋草、狗尾草、狗牙根、双穗雀稗、两耳草、芦苇等，对莎草及阔叶杂草无效	高选择性内吸型茎叶处理剂
	骠马（10%乳油）	41～83 g/hm²	看麦娘、野燕麦、稗草、狗尾草、黑麦草等禾本科杂草	传导性芽后除草剂
	禾草灵（28%乳油）	1 950～3 000 mL/hm²	野燕麦、稗草、牛筋草、牛毛草、看麦娘、马唐、狗尾草、毒麦、画眉草、千金子等禾本科杂草	高度选择性苗后使用除草剂
三氮苯类	阿特拉津（40%胶悬剂）	1 600～4 500 g/hm²	马唐、稗草、狗尾草、莎草、看麦娘、蓼、藜及十字花科、豆科等一年生禾本科杂草和阔叶杂草	选择性内吸传导型苗前、苗后除草剂

类型	名称	参考用量	作用杂草	药品特点
三氮苯类	杀草净（80％可湿性粉剂）	1 500～2 300 g/hm²	野苋、马齿苋、龙葵、牵牛花、藜、苍耳、曼陀罗、蓼、稗、马唐、牛筋草、狗尾草、画眉草等	选择性土壤处理除草剂
	西玛津（40％胶悬剂）	300～7 500 mL/hm²	狗尾草、画眉草、虎尾草、莎草、苍耳、野苋、马齿苋、灰菜、马唐、牛筋草、稗草、荆三棱、藜等一年生阔叶杂草和禾本科杂草	选择性内吸型土壤处理除草剂
取代脲类	绿麦隆（25％可湿性粉剂）	3 000～4 500 g/hm²	看麦娘、牛繁缕、雀舌草、狗尾草、马唐、稗草、苋、肤地菜、藜、苍耳、婆婆纳等一年生杂草	高度选择性内吸传导型土壤、茎叶处理除草剂
	杀草隆（50％可湿性粉剂）	1 500～4 250 g/hm²	异型莎草、香附子等莎草科杂草，对稗草有一定的防效，对其他禾本科和阔叶杂草无效	选择性土壤处理除草剂
	敌草隆（25％可湿性粉剂）	225～3 750 g/hm²	马唐、狗尾草、稗草、旱稗、野苋菜、蓼、藜莎草等一年生禾本科杂草和阔叶杂草，对多年生杂草香附子等也有良好的防除效果，还可以防除水田眼子菜等杂草	内吸型除草剂，低剂量时具选择性，高剂量时为灭生性
氨基甲酸酯类	杀草丹（50％乳油）	225～3 750 g/hm²	稗草、马唐、牛筋草、马齿苋、繁缕、看麦娘、牛筋草等	选择性内吸型除草剂
酰胺类	拉索（48％乳油）	3 000～3 750 mL/hm²	稗草、马唐、牛筋草、狗尾草、马齿见、苋、蓼、藜等一年生禾本科杂草和阔叶杂草，对菟丝子也有一定的防效	选择性芽前除草剂

类型	名称	参考用量	作用杂草	药品特点
酰胺类	乙草胺（86%乳油）	1 500～2 550 mL/hm²	稗草、狗尾草、马唐、牛筋草、藜、苋、马齿苋、菟丝子、香附子等	选择性芽前除草剂
	丁草胺（60%乳油）	1 500～1 800 mL/hm²	稗草、异型莎草、碎米莎草、千金子等一年生禾本科杂草及莎草杂草	选择性内吸型芽前除草剂
	敌稗（20%乳油）	11 250～15 000 mL/hm²	稗草、水芹、马齿苋、马唐、看麦娘、狗尾草、苋、蓼等	高度选择性触杀型除草剂
苯甲酸类	百草敌（48.2%水剂）	300～370 mL/hm²	猪殃殃、大巢菜、牛繁缕、繁缕、蓼、藜、香薷、猪毛菜、苍耳、荠菜、黄花蒿、问荆、酢浆草、独行菜、刺儿菜、田旋花、苦菜、蒲公英等大多数一年生及多年生阔叶杂草	高效选择性内吸激素型芽后除草剂
	敌草索（50%可湿性粉剂）	4～10 mL/hm²	狗尾草、马唐、马齿苋、繁缕等一年生禾本科杂草及某些阔叶杂草	调节型播后苗前土壤处理剂
二苯醚类	除草醚（25%可湿性粉剂）	6 000～7 500 g/hm²	稗草、鸭舌草、异型莎草、瓜皮草、三方草、节节草、碱草、蓼、藜、狗尾草、蟋蟀草、马唐、马齿苋、野苋菜等一年生禾本科杂草和阔叶杂草	具有一定选择性的触杀型除草剂
二硝基苯胺类	氟乐灵（48%水剂）	1 130～2 250 mL/hm²	稗草、马唐、牛筋日、石茅高粱、千金子、大画眉草、雀麦苋藜、马齿苋、繁缕、蓼、萹蓄、蒺藜、猪毛草等一年生的禾本科杂草和部分阔叶杂草	选择性芽前土壤处理除草剂

类型	名称	参考用量	作用杂草	药品特点
二硝基苯胺类	除草通（33％乳油）	3 000～4 500 mL/hm²	稗草、马唐、狗尾草、藜、苋、蓼、鸭舌草等一年生禾本科杂草和某些阔叶杂草	选择性土壤处理除草剂
有机杂环类	恶草灵（12％乳油）	1 500～2 250 mL/hm²	稗草、千金子、雀稗、异型莎草、球花碱草、鸭舌草以及苋科、藜科、土戟科、酢浆科、旋花科等一年生的禾本科阔叶杂草	选择性触杀型除草剂，芽前与芽后均可使用
	苯达松（48％水剂）	2 000～4 500 mL/hm²	黄花蒿、小白酒草、蒲公英、刺儿菜、春葵、铁苋菜、问荆、苣荬菜、马齿苋、苍耳等阔叶杂草及莎草科杂草，但对禾本科杂草无效	选择性触杀型茎叶处理剂
有机磷类	草甘膦（10％水剂）	7 500～11 250 g/hm²	一年生及多年生禾本科杂草、莎草科杂草和阔叶杂草	灭生性内吸型茎叶处理除草剂
	莎敌磷（30％乳油）	750～1 125 mL/hm²	稗草、异型莎草、碎米莎草、鸭舌草等	选择性内吸型除草剂
酚类	五氯酚钠（80％粉剂）	7 500～9 000 g/hm²	稗草、鸭舌草、节节草、蓼等	触杀型灭生性除草剂
脂肪类	茅草枯（87％可湿性粉剂）	1 500～7 500 g/hm²	茅草、芦苇、狗牙根、马唐、狗尾草、牛筋草等一年生及多年生禾本科杂草	选择性内吸型除草剂
磺酰脲类	阔叶散（75％悬浮剂）	20～45 g/hm²	百枝苋、马齿苋、婆婆纳茅草、芦苇、狗牙根、马唐、狗尾草、牛筋草等一年生及多年生禾本科杂草	选择性内吸传导型芽后茎叶处理除草剂
	阔叶净（75％悬浮散）	12～45 g/hm²	繁缕、直立蓼、播娘蒿、地肤、藜、芥菜、百枝苋、皱叶莴苣、荠菜、猪毛菜等一年或多年生阔叶杂草	选择性苗后茎叶处理除草剂

续表

类型	名称	参考用量	作用杂草	药品特点
磺酰脲类	稗净 （50％乳油）	2 250～ 3 750 mL/hm²	稗草	选择性内吸传导型 茎叶处理除草剂
	农得时 （10％可湿性粉剂）	225～ 450 mL/hm²	水苋菜、鸭舌草、眼子草、异型莎草碎生莎草、水莎草、水芹菜	选择性内吸传导型 除草剂
	治莠灵 （20％乳油）	975～ 1 500 mL/hm²	猪殃殃、马齿苋、龙葵、野豌豆、酸模、小旋花	内吸传导型茎叶除草剂
	巨星（75％ 巨星干悬浮剂）	15～30 g/hm²	一年生及多年生阔叶杂草、繁缕、地肤、藜、荠菜、猪毛菜、播娘蒿、猪殃殃、田蓟、苍耳、反枝苋、问荆、苣荬菜、刺儿菜，对野燕麦、雀麦等禾本科杂草无效	选择性内吸传导型 苗后除草剂
	草克星（10％ 可湿性粉剂）	150～300 g/hm²	一年生阔叶杂日和莎草科杂草，泽泻、繁缕、鸭舌草、节节草、蓼、水苋菜、浮生水马齿、异型莎草、眼子菜、野慈姑	高活性选择性内吸 传导型茎叶处理除草剂
	敌草快 （20％水剂）	370～ 1 000 g/hm²	阔叶杂草和禾本科杂草	非选择性有一定传导性能的触杀型苗前除草剂
吡啶类	使它隆	1 275～ 1 500 mL/hm²	天胡荽、马兰、猪殃殃、繁缕、田旋花、蒲公英、播娘蒿、问荆、卷茎蓼、马齿苋等	选择性内吸型传导 型茎叶处理剂

三、　杂草的物理防治

1. 主要控制手段

（1）防止杂草种子的传播。播种前清除草坪种子中的杂草种子，使用的有机肥必须充分腐熟。

（2）草坪种子种植前清除杂草。在播种、移栽前对地块进行翻耕、灌溉使杂草萌芽，然后再翻耕一次，清除萌发的杂草。

（3）利用太阳能除草。采用透明塑料薄膜在晴天覆盖潮湿地块1周以上，使温度超过65℃，以杀死杂草种子、减少杂草数量，同时也可杀死一些病原菌。有人在小面积地块用透镜聚光照射，几秒内温度升高至290℃，几乎可杀灭所有的杂草种子。

（4）改进播种、栽培技术。如增大播种率，使草坪种子迅速占领生长空间，减少杂草对营养、水分、光线的获取，抑制杂草的生长。

（5）应用覆盖物控制杂草、保护土壤。用黑薄膜、作物秸秆、树皮等进行覆盖，阻挡光线透入，抑制杂草萌发。

（6）适时进行机械与人工除草，尤其在生长早期。实践表明，除草越晚，所需劳力越多，对草坪造成的影响也越大。

2. 人工除草的优劣势

（1）优势。人工拔草的草坪，只要投入足够多的劳动力，就能起到立竿见影的效果。

（2）劣势

1）由于土层的翻动，使土表下层的杂草种子得以萌发，或是拔不出根茎，反而刺激了杂草的生长，给下次除草带来更大的不便，再加上频繁施肥、浇灌，杂草为害反而越来越重。

2）拔草不彻底，拔大不拔小，一浇水又长出一地杂草。

3）人工拔草投工大，有践踏草坪的弊病，从而降低草坪质量。有的地方不得不更换草坪，耗资巨大。

相关链接

除草剂除草的注意事项

使用除草剂进行除草时，应注意以下事项。

（1）在进行施药的时候，除草剂的兑水量、均匀程度和喷施面积至关重要。一般情况下，一亩草坪需要25～30 kg药液才能喷施均匀（一般农用喷雾器2喷壶），如使用坪阔净、消禾、消杂、三叶乐等进行除草。但要进行土壤封闭的话，在单位面积用药量确定的情况下，则需要增加兑水量，一亩草坪需要 50～60 kg 药液才能喷施均匀（一般农用喷雾器 4 喷壶），否则就不容易形成严密的药膜，如使用金百秀或播坪乐做封闭除草。

（2）使用除草剂时土壤墒情至关重要。墒情好才能保证除草效果，干旱时效果很差。

（3）使用除草剂时气温对药效的影响一般只是推迟或提前药效发挥的时间。如在气温低时，由于杂草生理活动还较为缓慢，因而对除草剂的吸收传导也缓慢，如冬季或春季施药时的药效表现时间，和炎热的夏季相比，一般要延长 5～10 天甚至更长。这就是气温较低时使用除草剂 10 余天后，杂草还没有中毒症状的主要原因。

关于温度因素对除草剂的影响大致为：气温低于 10℃时，大部分除草剂的药效很难发挥出来，随着温度逐渐升高逐渐表现药效，若长时间持续低温，除草剂也会被风化失去一部分效果；10℃以上，大部分除草剂都能表现出除草效果，但比正常情况下会推迟 5～10 天；15℃以上，除草剂药效正常发挥；15～35℃，随着温度升高药效表现越来越快，但不是温度越高越好。

（4）封闭除草剂不要在沙土、沙壤土、没有养分的瘠薄土中使用。播后苗前使用除草剂，条件有 4 个：种子覆土、土壤非常湿润、用水量大、倒行式喷雾。

（5）选用除草剂要准确。任何情况下不要超出除草剂的推荐使用范围进行使用。不要随意增加用药量。若需要增加用药量，务必在技术人员的指导下进行。

 ## 学习单元 2　草坪的施肥

根据草坪营养特性合理施肥是维持草坪正常颜色、密度与活力的重要措施。草坪同其他植物一样，正常生长所必需的 16 种营养元素，除 C、H、O 主要来自空气和水外，其他的都主要靠土壤和肥料提供。

草坪施肥应根据草坪草种品种、生长情况及土壤养分状况确定施肥种类、数量和时间。为了满足草坪生长中对各种营养元素的需求，应坚持平衡施肥的原则。

一、 施肥标准

一个好的施肥计划应该在整个生长季保证草坪草健康、均匀地生长，并且保持较好的品质。通过合理地选择肥料类型，制定适宜的施肥量和施用次数、施肥时间，采用正确的施肥方法等措施，可以达到这一目标。

二、 肥料的选择及施肥量

选择合适的肥料是制订高效施肥计划所要考虑的重要内容之一。一般来说，选择肥料要注意养分含量与比例、撒施性能、水溶性、灼烧潜力、施入后见效时间、残效长短、对土壤的影响、肥料价格、储藏运输性能、安全性等方面。

肥料的物理特性好，不宜结块且颗粒均一，则容易施用均匀。肥料水溶性大小对产生叶片灼烧的可能性高低和施用后草坪草反应的快慢有很大关系。缓释肥有效期较长，每单位氮的成本较高，但施肥次数少，省工省力，草坪质量稳定持久，应用前景广阔。此外，在进行草坪施肥时，肥料对土壤性状产生的影响不容忽视，尤其对土壤 pH 值、养分有效性和土壤微生物群体的影响等。有些肥料长期施用后会使土壤 pH 值降低或升高，从而影响土壤中其他养分的有效性和草坪草根系的生长发育等。综上所述，在具体情况下选择肥料时，必须将肥料各特性综合起来考虑，才能达到高效施肥的目的。

不同草坪形成良好草坪的需氮量见表 5—14。

表 5—14 　　　　　　　　　　不同草坪形成良好草坪的需氮量

冷季型草坪草	年需氮量（g/m²）	暖季型草坪草	年需氮量（g/m²）
细羊茅	3～12	美洲雀稗	3～12
高羊茅	12～30	普通狗牙根	15～30
一年生黑麦草	12～30	杂交狗牙根	21～42
多年生黑麦草	12～30	日本结缕草	15～24
草地早熟禾	12～30	马尼拉	15～24
粗茎早熟禾	12～30	假俭草	3～9
细弱剪股颖	15～30	野牛草	3～2
匍茎剪股颖	15～39	地毯草	3～12
冰草	6～15	钝叶草	15～30

在所有肥料中，氮是首要考虑的营养元素。贫瘠土壤上的草坪，一般应多施氮肥；生长季越长，施肥量越多；使用频繁的草坪，如运动场草坪，应多施氮肥，以促进草坪草的旺盛生长，使其尽快恢复。生长缓慢、草屑量很少的草坪需要补氮，草坪色泽浅绿转黄且生长稀疏是需补氮的征兆。长满杂草的草坪应该补氮，但应首先清除杂草，否则会加重草害，降低肥效。

草坪草的正常生长发育需要多种营养成分的均衡供给。磷、钾或其他营养元素不能代替氮，通常使用充足的氮肥应配施其他营养元素肥料，才能提高草坪草对氮肥的利用。目前，国内常用的氮肥品种主要是速效氮肥，而试验证明一些特制的多元复合剂缓释肥在维持草坪质量、降低管理成本等方面有重要作用。合理的氮、磷、钾配比在草坪施肥中十分重要。据研究，当氮、磷、钾的施用量分别为 45 g/m²、5 g/m²、25 g/m² 时，能有效地阻止多年生黑麦草休眠，促进生长，提高整个草坪冬季的质量。适宜的氮、磷、钾配比也可缓解由于土壤 pH 值偏低对草坪造成的不良影响，当氮、磷、钾达到 20 g/m²、8.8 g/m²、16 g/m² 时，草坪能在 pH 值 5.1 的土壤中保持较好的质量。

钾肥和磷肥用量可根据土壤测试结果，在氮肥用量的基础上，按照氮、磷、钾配合施用的比例来确定。一般情况下，氮∶钾＝2∶1。目前有一种趋势，即加大钾肥的用量，使氮∶钾达到 1∶1，以增加草坪草的抗逆性。而磷肥一般每年施用 5 g/m²，在春季施肥，以满足整个生长季节的需要。在其他追肥中，可采取氮∶磷∶钾＝1∶0∶1 的施肥比例。

草坪的微量元素一般不缺乏，但所以很少施用。但是在碱性、砂性或有机质含量高的土壤上易发生缺铁。草坪缺铁可以喷 3% 硫酸亚铁溶液，每 1～2 周喷施一次，使用含铁的专用草坪肥。滥用微量元素化肥即使用量不大也会引起毒害，因为施用过多会影响其他营养元素的吸收和活性的大小。通常，防止微量元素缺乏的较好方式是保持适宜的土壤 pH 值范围，合理掌握石灰、磷酸盐的施用量等措施。

三、　施肥时间及次数

健康的草坪草每年在生长季节应施肥，以保证氮、磷、钾的连续供应。就所有冷季型草坪草而言，深秋施肥是非常重要的，这有利于草坪越冬。特别是过渡地带，深秋施肥可以使草坪在冬季保持绿色，且春季返青早。磷、钾肥对于草坪草冬季生长的效应不大，但可以增加草坪的抗逆性。

夏季施肥应增加钾肥用量，谨慎使用氮肥。如果夏季不施氮肥，冷季型草坪草叶色转黄，但抗病性强。过量施氮则病害发生严重，草坪质量急剧下降。暖季型草坪草最佳的施肥时间是早春和仲夏。秋季施肥不能过迟，以防降低草坪草抗寒性。

施肥次数要根据生长需要而定。理想的施肥方案应该是在整个生长季节每隔一或两周使用少量的植物生长所必需的营养元素。根据植物的反应，随时调整肥料用量。应该避免过量施用肥料，对新肥料实验也要求少量施用。然而这样的方案用工太多，也不符合实际。另一个极端则是所有的化肥一次施用。在许多低强度管理的草坪上这种类型的施肥方案可能相当成功，但对大多数草坪来说每年至少需要施两次肥，才能保证草坪正常生长和良好的外观。施肥的次数可以通过施用缓效肥料或有机质来减少。至于选择哪种肥料，需要考虑化肥的性质和草坪生长的情况而定。归根到底是土壤中植物必需养分的数量及有效性决定了维持草坪正常生长、又有相当良好外观条件下的最少施肥次数。

一般速效性氮肥要求少量多次，每次用量以不超过 $5 \mathrm{~g/m^2}$ 为宜，且施肥后应立即灌水。一则可以防止氮肥过量造成徒长或灼伤植株，诱发病害，增加剪草工作量；另则可以减少氮肥损失。但施肥的次数未必越多越好。有人研究了施肥频率对假俭草草坪质量的影响，结果表明：在 4 月和 7 月分别施氮 $50 \mathrm{~kg/hm^2}$，草坪质量较仅在 4 月施 $100 \mathrm{~kg/hm^2}$ 为好，同时其效应也明显优于 3～4 次施用相同肥量。对于缓释氮肥，由于其具有平衡、连续释放肥效的特性，因此可以减少施肥次数，一次用量则可高达 $15 \mathrm{~g/m^2}$。

实践中，草坪施肥的次数或频率常取决于草坪养护管理水平。对于每年只施用 1 次肥料的低养护管理草坪，冷季型草坪草于每年秋季施用；暖季型草坪草在初夏施用。对于中等养护管理的草坪，冷季型草坪草在春季与秋季各施肥1 次；暖季型草坪草在春季、仲夏、秋初各施用一次即可。对于高养护管理的草坪，在草坪草快速生长的季节，无论是冷季型草坪草还是暖季型草坪草最好每月施肥 1 次。

四、 施肥的方式和方法

1. 基肥

为了使日后草坪草能得到持续有效的养分供应，应在种植时施入足够的有机肥，如鸡粪、堆肥、厩肥及风化过的河泥，鸡粪、堆肥或厩肥必须经过充分腐熟或高温膨化，且其内不含杂草种子。另外还可施高磷、高钾、低氮的复合肥作基肥，这样对草坪的持久不衰及抗病等很有利。尤其是磷肥，在草坪草的生育初期特别重要，因此，基肥如果是施用复合肥，则磷元素的含量应更高些。

2. 追肥

由于单株草坪植物的根系占的面积很小，所以施肥要均匀。草坪上一片黑、一条绿说明施肥不匀。均匀施肥需要合适的机具或较高的技术水平。草坪施肥常以追肥方式进行，是目前国内外主要的施肥方法之一。

（1）表土施肥。表土施肥简称"表施"，是采取下落式或旋转式施肥机将颗粒状直接撒入草坪内，然后结合灌水，使肥料进入草坪土壤中。在使用下落式施肥机时，料斗中的化肥颗粒可以通过基部一列小孔下落到草坪上，孔的大小可根据施用量的大小来调整。对于颗粒大小不匀的肥料应用此机具较为理想，并能很好控制用量。但由于机具的施肥宽幅受限，因而工作效率较低。旋转式施肥机的操作是随着人员行走，肥料下落到料斗下面的小盘上，通过离心力将肥料撒到半圆范围内。在控制好来回重复的范围时，此方式可以得到满意的效果，尤其对于大面积草坪，工作效率较高。但当施用颗粒不均匀的肥料时，较重和较轻的颗粒被甩出的距离远近不一致，将会影响施肥效果。

"表施"显然简单，但会造成肥料浪费。国内外许多研究认为，草坪采用表施施肥的肥料损失来源于 4 个方面：一是草坪植物吸收后还来不及利用就被剪草机剪去和移走；二是肥料的挥发作用；三是由于降雨和灌溉的淋洗作用，使养分下移到根系有效吸收层外；四是土壤固定作用，每次施入草坪的肥料利用率只有 1/3 左右。

（2）灌溉施肥。为了提高肥效，间接地降低草坪养护费用，近年来国内外使用了灌溉施肥的方法，经过灌溉系统将肥料溶解在灌溉水中，喷洒在草坪上，目前一般用于高养护的草坪，如高尔夫球场。灌溉施肥看起来似乎是一种省时省力的办法，但多数情况下是不适宜的，因为灌水系统覆盖不均一。喷水时，一个地方浇的水是另一个地方的 2～5 倍时，同样化肥的分布也是这样的。但这种方式在干旱灌水频繁的地区或肥料养分容易淋湿、需要频繁施用化肥的地方是非常受欢迎的。采用灌溉施肥时，灌溉后应立即用少量的清水洗掉叶片上的化肥，以防止烧伤叶片，漂洗灌溉系统中的化肥以减少腐蚀。

五、 不同草坪的施肥建议

1. 冷季型草坪

冷季型草坪包括一年生和多年生的黑麦草、大叶牧草和牛毛草。冷季型草坪一年有两个生长阶段：春季（4—5月）和夏季（9—10月）。施肥季节通常选在春季和晚夏。

建议春季生长初期施用全年氮肥用量的40%，这可以帮助草坪度过酷夏。也可用高钾型的含缓释氮的氮磷钾复合肥料，这可以帮助草坪抵抗病害。夏季施用全年氮肥用量的35%，这有助于草坪尽快地从酷暑中恢复生长。秋季施用全年氮肥用量的25%，当晚上温度变得很低时，这能在草坪休眠前供给根系更多的营养，刺激草坪在第二年春季的生长。

2. 暖季型草坪

暖季型草坪包括木薯草、蜈蚣草和结缕草。暖季型草坪一年只有一个长的生长期。对于这些草坪通常是从初春到秋季一直施肥。

暖季型草坪从初春开始生长直到秋季，夏季生长最旺盛。这类草坪一开始生长就需要规律的间断性的施肥，直到秋季。10月中旬施肥可以使草坪在冬天长时间生长。但是，这最后一次的施肥会降低寒冬杀死和抑制杂草生长的能力。

学习单元3　草坪的灌溉

草坪灌溉是弥补自然降水在数量上的不足与时空上的不均，保证适时、适量地满足草坪生长所需水分的重要措施。

一、草坪的需水量

草坪每次的浇水量取决于两次浇水之间的消耗量。炎热夏天，长期少量灌水，土壤湿润对杂草有利而对草坪草不利。通常浇水应使土壤湿润至15 cm深。减少浇水次数，增加浇水量，则可获得较好效果。除干旱类型或水分损失太大的土壤外，一般1周浇2次。当降雨提供了足够的水分时，则停止浇水，到根系重新干燥时再开始浇水。

炎热夏季喷水要多；严寒季节雨量减少，草坪浇水尤为重要，尤其是冷季型草坪对水分特别敏感，稍有缺水易出现变黄、干枯、斑秃现象。所以要重视喷灌、浇灌工作，对喷灌出现的盲区应及时补水。

草坪喷灌水分要适量，既要防止喷水不足影响植物生长，又要避免浇水过多导致杂草丛生，甚至使整个草坪被荒毁。

二、　草坪灌溉时间

灌溉时间根据草坪和天气状况，应选择一天中最适宜的时间浇水。一般可在早晨或傍晚进行，气温下降时，可在上午 10—11 时进行。早晚浇水，蒸发量最小，而中午浇水，蒸发量大。黄昏或晚上浇水，草坪整夜都会处于潮湿状态，叶和茎湿润时间过长，病菌容易侵染草坪草，引起病害，并以较快的速度蔓延。所以最佳的浇水时间应在早晨，除了可以满足草坪一天需要的水分外，到晚上叶片已干，可防止病菌滋生。

三、　现代草坪灌溉的主要方法

现代草坪灌溉方法主要有喷灌、微喷灌或滴灌技术，如需要使整个绿化面积都得到相同的水量，通常用喷灌，如草坪灌溉。如想让某一特定区域湿润而使周围干燥时，可采用微喷灌或滴灌，如灌木灌溉。草坪微喷灌技术以其节水、节能、省工和灌水质量高等优点，越来越被人们所使用。滴灌有时也用于草坪地下灌溉。

1. 草坪喷灌的特点

（1）草坪灌溉大多采用自动化控制固定式喷灌系统。要求水质和喷洒质量较为严格，特别是对高级观赏植物和高尔夫球场的草皮，要求喷灌均匀度较高，如有漏喷或喷洒过量，都会造成严重损失。

（2）喷灌系统在满足草坪需水要求的同时，需充分注意景观和环境效果。精心设计的喷灌系统，通过正确选择喷头和进行喷点的布置，不仅能满足草坪需水，而且在灌水时可以形成水动景观效果。

（3）草坪喷灌多数在夜间进行，其原因之一是草坪白天喷灌，蒸发损失大。一般夜晚喷灌时能比白天少消耗 10％ 以上的水量；原因之二是有些草坪白天不允许喷洒，如高尔夫球场进行比赛、公园娱乐区进行文娱活动等。

2. 草坪喷灌的技术要求

喷灌系统的设计和管理必须适应草坪的特点，才能满足其需水要求，保证正常生长。

（1）喷灌设备的安装不能影响草坪的维护作业。草坪需要经常性地修剪、植保、施肥等，这些作业往往由机械完成。因此，除应选择草坪专用埋藏式喷头外，同时需精心施工，使之避免与草坪上的机械作业发生矛盾。

（2）灌水管理应与草坪病害防治结合起来。很多草坪病害，特别是真菌类病害与草坪叶面和土壤湿度关系密切。在灌水管理中制定合理的灌溉制度，包括灌水周期、灌水时间、灌水延续时间等，对控制草坪病害十分重要。

（3）设备选型和管网布置应适应草坪的种植方式。由于景观的需要，绿化中草坪的种植地块很多不是规则的形状，如高尔夫球场，且有时同一工程中的不同地块呈零星分布，增加了喷灌系统中设备选型和管网布置的难度。

学习单元 4　草坪的修剪

草坪修剪能够控制草坪草的生长高度，使草坪经常保持平整美观，以适应人们游憩活动的需要。修剪还可以抑制草坪中混生的杂草开花结籽，使杂草失去繁衍后代的机会，而逐渐消除。

修剪的最大优点是促进禾草根基分蘖，增加草坪的密集度与平整度。修剪次数越多，草坪的密集度也越大。草坪修剪，还能增加"弹性"。这也是由于多次修剪留下的"草脚基部"增多了，踩踏其上，不仅能使人产生"弹性感受"，而且能增强草坪草的耐磨性能。草坪草的最佳观赏期是幼苗期，采用修剪的方法能够控制和防止草坪草枯黄与老化。如对于暖季型草，在入冬前即其枯黄以前，合理地修剪草坪，能延长其绿色期。

一、　修剪的标准

1. 基本要求

（1）草坪修剪后整体效果平整，无明显起伏和漏剪，剪口平齐。

（2）障碍物处及树头边缘用割灌机式手剪补剪，无明显漏剪痕迹。

（3）四周不规则及转弯位无明显交错痕迹。

（4）现场清理干净，无遗漏草屑、杂物。

（5）效率标准：单机全包 $200\sim300$ m²/h。

2. 修剪高度

（1）影响修剪高度的因素。草坪的修剪高度常与草坪草的种类和品种、用途及环境条件有关。

1）草坪草的种类和品种。每一种草坪草都有一定的耐修剪高度范围（见表5—15），在这个范围内修剪，可以获得令人满意的效果。不同的草坪草，生长点高度不同、基部叶片到地面的高度不同，其修剪高度也不同（见表 5—15）。一般，叶片越直立，修剪高度越高（如草地早熟禾和苇状羊茅）。匍匐型草坪草的生长点比直立型草坪草低，修剪高度也低（如匍茎剪股颖和狗牙根）。

表 5—15　　　　　　　　　　　常见草坪草的参考修剪高度

暖季型草坪草	修剪高度（cm）	冷季型草坪草	修剪高度（cm）
普通狗牙根	2.1～3.8	匍茎剪股颖	0.5～1.3
杂交狗牙根	0.6～2.5	细弱剪股颖	0.8～2.0
地毯草	2.5～5.0	绒毛剪股颖	0.5～2.0
假俭草	2.5～5.0	普通早熟禾	3.8～5.5
中华结缕草	1.3～5.0	草地早熟禾	3.8～5.7
沟叶结缕草	1.3～3.5	多年生黑麦草	3.8～5.1
细叶结缕草	1.3～5.0	一年生黑麦草	3.8～5.1
野牛草	2.5～7.5	苇状羊茅	4.4～7.6
雀稗	5.0～7.5	细叶羊茅	3.8～6.4
钝叶草	3.8～7.6	紫羊茅	3.5～6.5

2）用途。草坪的用途不同，对修剪高度的要求也不同。

修剪高度的排序一般为（从低到高）：高尔夫球场果岭或发球台草坪（0.5 cm）＜高尔夫球场球道、足球场草坪（2～4 cm）＜绿化观赏草坪（4～6 cm）＜公路护坡草坪（8～13 cm）。

3）环境条件。当草坪受到不利因素压力时，最好是提高修剪高度，以提高草坪的抗性。在夏季，为了增加草坪草对热和干旱的忍耐度，冷季型草坪草的留茬高度应适当提高。

当天气变冷时，在生长季早期和晚期也应适当提高暖季型草坪草的修剪高度。如果要恢复昆虫、疾病、交通、践踏及其他原因造成的草坪伤害时，也应提高修剪高度。

树下遮阴处草坪也应提高修剪高度，以使草坪更好地适应遮阴条件。休眠状态的草坪，有时也可把草剪到低于忍受的最小高度。在生长季开始之前，应把草剪低，以利枯枝落叶的清除，同时生长季前的低剪还有利于草坪的返青。

（2）修剪高度的确定。修剪高度的确定需要严格遵守 1/3 原则，还要考虑基部叶片到地面的高度。修剪高度过低，大量生长点被剪除，使草坪草丧失再生能力。大量叶片被剪除（脱皮），草坪草光合作用能力受到限制，同化作用减弱，养分储备下降，处于亏供状态，根中的营养物质被迫用于植株再生，结果大部分储存养分被消耗，导致根的粗化、浅化，根系减少，必然导致草坪衰败。

草坪严重"脱皮"后，将使草坪留下褐色的残茬和裸露的地面。修剪高度过高，产生一种蓬乱、不整洁的外观，同时也会因枯枝层密度的增加给管理上带来麻烦。还会导致叶片质地变粗糙，嫩苗会枯萎而顶部弯曲，草坪密度下降。高茬修剪后很难达到人们要求的修剪质量。

二、 修剪频率及周期

1. 修剪频率

草坪的修剪次数常用修剪频率来描述，即一定时间内的修剪次数。在草坪管理中，可根据草坪修剪的 1/3 原则来确定修剪时间和频率，1/3 原则也是确定修剪时间和频率的唯一依据。

修剪的 1/3 原则即每次修剪时，剪掉的部分不能超过草坪草自然高度（未剪前的高度）的 1/3。

修剪频率也受修剪高度的影响，修剪高度越低，修剪频率越高，修剪次数越多；修剪高度越高，修剪频率越低，修剪次数越少。

如，某一草坪要求修剪的高度是 1 cm，那么，草长到 1.5 cm 高时就应修剪。如要求保持的高度是 3 cm，则要草长到 4.5 cm 高时才需要修剪。显然，前者的修剪频率要高得多。

草长得过高，不应一次将草剪到标准高度，而是应该在频率间隔时间内，增加修剪次数，逐渐修剪到要求高度。

如，草已长到 6 cm，而要求的修剪高度只有 2 cm，不能一次就剪掉 4 cm，达到 2 cm 的要求，而是应该根据 1/3 原则先去掉 2 cm，再分若干次，逐步降到 2 cm。这种方法虽比简单的一次修剪费工、费时，但可获得良好的草坪质量。

草坪在生长季内的修剪次数和全年修剪次数见表 5—16。

2. 修剪周期

连续两次修剪的间隔时间称为修剪周期。修剪频率越高，次数就越多，修剪周期越短。

表 5—16   草坪在生长季内的修剪次数和全年修剪次数

利用地	草坪草种类	生长季内修剪次数			全年修剪次数
		4—6 月	7—8 月	9—11 月	
庭园	细叶结缕草	1	2～3	1	5～6
	剪股颖	2～3	8～9	2～3	15～20
公园	细叶结缕草	1	2～3	1	10～15
	剪股颖	2～3	8～9	2～3	20～30
竞技场	细叶结缕草	2～3	8～9	2～3	20～30
校园	狗牙根	2～3	8～9	2～3	20～30
高尔夫球场发球台	细叶结缕草	1	16～18	13	30～35
高尔夫球球盘	细叶结缕草	38	34～43	38	110～120
	剪股颖	51～64	25	51～64	120～150

一般说来冷季型草坪草有春秋两个生长高峰期（见图 5—8），因此在两个高峰期应加强修剪，但为了使草坪有足够的营养物质越冬，在晚秋修剪应逐渐减少次数。在夏季冷季型草坪也有休眠现象，也应根据情况减少修剪次数。

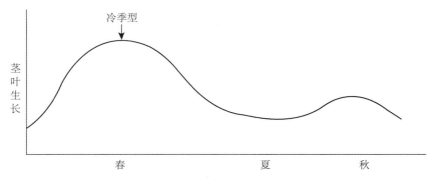

图 5—8　冷季型草坪草的生长高峰期

暖季型草坪草由于只有夏季的生长高峰期（见图 5—9），因此在夏季应多修剪。

在生长正常的草坪中，供给的肥料多，就会促进草坪草的生长，从而增加草坪的修剪次数。

在夏季，冷季型草坪进入休眠，一般 2～3 周修剪一次，在春、秋两季由于生长茂盛，冷季型草需要经常的修剪，至少一周一次。

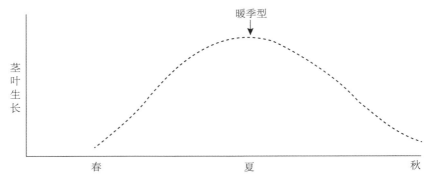

图 5—9　暖季型草坪草的生长高峰期

暖季型草冬季休眠，在春秋生长缓慢，应减少修剪次数，在夏季天气较热，暖季型草生长茂盛，应进行多次修剪。

三、　草坪修剪时的注意事项

草坪修剪时，正确的修剪方法是修剪质量的重要保证。草坪修剪要注意以下问题。

1. 剪草机刀片要锋利

机具的刀刃必须锋利，以防因刀片钝而使草坪刀口出现丝状（见图5—10）。一般应在剪草前更换刀片（见图5—11）如果天气特别热，将造成草坪景观变成白色，同时还容易使伤口感染，引起草坪病虫害发生。修剪前最好对刀片进行消毒，特别是在 7～8 月病虫害多发季节。修剪应在露水消退以后进行，且修剪的前一天下午不浇水，修剪之后间隔 2～3 h 浇水，防止病虫害发生。

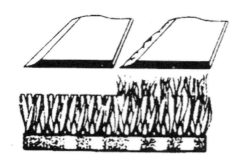

图 5—10　刀片锋利与否的
修剪效果对比

图 5—11　剪草前更换刀片

在剪过的草坪上，有时会出现叶片撕裂和叶片挤伤，残损的叶片尖部变灰，进而变褐色，也可发生萎缩，这种现象可以在各种草坪上发生，特别是在黑麦草上尤为严重，出现这种问题时，一种可能是滚刀式剪草机钝刀片或调整距离不适当，一种可能是旋刀式剪草机低转速造成的，另外，还有可能是滚刀式剪草机转弯过急。

（1）修剪前必须仔细清除草坪内树枝、砖块、塑料袋等杂物。

（2）草坪的修剪通常应在土壤较硬时进行，以免破坏草坪的平整度。

（3）同一块草坪，每次修剪要避免以同一方式进行，要防止经常在同一地点、同一方向的多次重复修剪，否则草坪就会退化和发生草叶趋于同一方向的定向生长。草坪修剪路线见图 5—12。

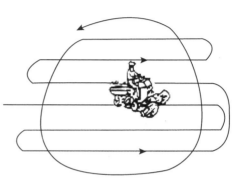

图 5—12　草坪修剪路线

2. 垃圾处理

修剪后的草屑会留在草坪上，尽管能够把草屑中的养分归还到草坪，改善干旱状况和防止苔藓的着生，但通常情况下应及时清理，否则草屑在草坪上堆积不仅使草坪看起来不美观，而且会使下部坪草因光照、通气不足而窒息死亡。

图 5—13　使用集草袋收草屑

此外，草屑在腐烂后会产生一些有毒的小分子有机酸，抑制草坪根系的活性，使草坪长势变弱，留下的草屑还利于杂草滋生，容易造成病虫害。

通常情况下应在每次修剪后及时清理草屑，可使用集草袋收草屑（见图 5—13）。但在高温条件下，若草坪本身生长健康，没有病害发生，也可以把草屑留在草坪表面，以减少土壤水分蒸发。

3. 安全

草坪修剪一定要把安全放在第一位，修剪人员要做到岗前培训，合格上岗，作业时要穿长裤，戴防护眼镜，穿防滑高腰劳保鞋，防止意外伤害，剪草机使用后要及时清洗、检查。修剪前一定要检查清除草坪内的石块、木桩和其他可能损害剪草机的障碍物，以免剪草机刀片、曲轴受损。

学习单元5　草坪病虫害防治

草坪病虫害防治是草坪成功种植的关键，不少草坪建植者忽视了这一点，结果没有达到预期的效果。草坪上栖息着多种有害昆虫，它们取食草坪草、污染草地、传播疾病，常使草坪遭受损毁，严重影响草坪的质量。因此，消灭害虫，保护草坪，是草坪建植管理的重要措施之一。

一、 常见草坪病害的防治 （见表5—17）

表5—17　　　　　　　　常见草坪病害及其防治方法

病名	危害对象	症状识别	发病规律	防治方法
褐斑病	所有草坪草	枯草圈呈"蛙眼"状，在清晨有露水或高湿时有烟圈	土壤传播，枯草层过厚，高温多雨炎热天气	可用代森锰锌、百菌清、三唑酮杀菌剂拌种
腐霉枯萎病（油斑病）	所有草坪草均感染此病，冷地型草坪草受害严重	病叶水浸状，连在一起，有油腻感，造成芽腐、苗腐、幼苗猝倒和整株腐烂死亡	苗期和高温高湿的夏季容易发生	提倡混合建植用0.2%灭霉灵或杀毒矾药剂拌种
夏季斑枯病（夏季病）	可侵染多种冷地型草坪草，尤以草地早熟禾受害最重	夏初表现为大面积不规则枯草圈，根部、根冠部和根状茎呈黑褐色，后期维管束也变成褐色，有马蹄形斑纹	高温高湿、排水不良、土壤板结下易出现	凡能促进根生长的措施都可减轻病害的发生，避免低修剪，最好施用缓效氮肥，用0.2%～0.3%的灭霉灵、杀毒矾、代森锰锌等药剂拌种

续表

病名	危害对象	症状识别	发病规律	防治方法
镰刀枯萎病	早熟禾、羊茅、剪股颖等草坪草，建植 3 年以上的草坪易感染	造成烂芽、苗腐、茎基腐、匍匐茎和根状茎腐等一系列复杂的病症，且病斑形状多样	夏季湿度过高或过低，高温，土壤含水量过高过过低，枯草层太厚情况下容易出现	提倡混播建植，用灭霉灵、代森锰锌、甲基托布津等药剂拌种，控制氮肥
锈病	所有草坪草，以多年生黑麦草、高羊茅和草地早熟禾等受害最重	叶片散生黄色孢子堆，后期叶背面有黑色孢子堆，大量失水，叶片变黄枯死，草坪稀疏	空气湿度在 80% 以上，光照不足，土壤板结，土质贫瘠，偏施氮肥，病残体残留过多引发	合理灌水，适时剪草，保持通风透光，用三唑类杀菌剂拌种
白粉病	可侵染狗牙根、草地早熟禾、细叶羊茅、匍茎剪股颖等，以早熟禾、细羊茅和狗牙根发病最重	草坪呈灰色，主要侵染叶片、叶鞘，开始出现 1～2 mm 病斑，尤以叶片正面为重，后扩大为圆形、椭圆形霉斑，最后变成黑褐色、黑色病斑，叶片发黄，干枯死亡	15℃～25℃为发病高峰期，环境温度、湿度有很大关系，水肥不当，荫蔽、通风不良等会引发病害发生	三唑类杀菌剂防治，用粉锈宁、立克锈等三唑类纯药拌种
尾孢叶斑病	易侵染剪股颖、狗牙根、羊茅、钝叶草等	叶片及叶鞘上出现褐色病斑，沿叶脉平行伸长，中央有大量霉层，叶片枯黄，死亡	叶面湿润易发病，借风雨传播	应在清晨浇水，深浇，增施磷、钾肥，用代森锰锌、多菌灵、三唑酮等可湿性粉剂喷施防治

二、常见草坪虫害的防治（见表 5—18）

表 5—18　　　　　常见草坪虫害及其防治方法

名称	危害	生活习性	防治
黏虫	主要危害黑麦草、早熟禾、剪股颖、结缕草、高羊茅等	白天潜伏在表土层或茎基，夜间取食叶片	清晨捕杀幼虫或诱杀成虫

名称	危害	生活习性	防治
斜纹夜蛾	暴食性害虫，可在短期内啃食完草坪，可危害黑麦草、早熟禾、剪股颖、结缕草、高羊茅等	通常群体聚散，沿叶的边缘咀嚼叶片	喷药宜在暴食期以前，在午后及傍晚幼虫出来活动后进行，可用毒死蜱、敌百虫杀灭
草地螟	将叶吃成缺刻、孔洞，甚至造成光秃	夜间取食草坪的幼叶，在草坪形成不规则的棕色死亡斑点	可用拉网捕捉成虫，喷施地亚农、毒死蜱、敌百虫等
蝗虫	食叶片和嫩茎	—	采用药剂或毒饵防治
蜗牛、蛞蝓	取食叶片、嫩茎和芽，造成缺刻或漏洞，甚至造成缺苗，爬行过的地方留下黏液痕迹	喜阴暗潮湿环境	采用药剂或毒饵防治
蚜虫	吸食植物汁液，不仅阻碍植物生长，形成虫瘿，传布病毒，而且造成花、叶、芽畸形	蚜虫的繁殖力很强，迁飞扩散寻找寄主植物时要反复转移尝食，可以传播许多种植物病毒病	喷施吡虫啉可湿性粉剂，利用七星瓢虫进行生物防治
盲蝽	被害茎叶上出现褪绿斑点，多出现北方	—	喷施吡虫啉可湿性粉剂
叶蝉	—	—	灯光诱杀、喷施叶蝉散乳油
飞虱	被害部位出现不规则褐色条斑，叶片自下而上变黄，植株萎缩	—	使用氨水或撒石灰粉
螨	被害叶片褪绿，发白，逐渐变黄而枯萎	常在春、秋两季干旱时发生	用扫螨净可湿性粉剂喷施
秆蝇	严重时草坪枯死	成虫晴朗无风上午和下午活跃	可采用杀螟或乳油等药剂喷施
潜叶蝇	被害叶片上可见"蛇形隧道"		用阿巴丁乳油等喷施
线虫	危害草坪草长势		多次少量灌水，增施磷肥

续表

名称	危害	生活习性	防治
蛴螬	被咬短根系的草皮易被掀起	蛴螬一到两年 1 代，幼虫和成虫在土中越冬，成虫即金龟子，白天藏在土中，晚上 8—9 时进行取食等活动。蛴螬有假死和负趋光性，并对未腐熟的粪肥有趋性	用辛硫磷颗粒剂进行毒土法防治
金针虫	每年 4、9、10 月取食根和分蘖节	—	及时喷灌，撒施辛硫磷颗粒剂防治
地老虎	低龄幼虫造成缺刻孔洞；高龄幼虫咬断茎，造成草坪草枯死	—	诱杀成虫，幼虫危害期喷洒功夫乳油等药剂
蝼蛄	啃食草坪草根系	高湿度时，采食最为活跃	诱杀成虫，用辛硫磷颗粒剂进行毒土法
蚂蚁	打洞，让根裸露	—	用辛硫磷乳油浇灌蚁洞
蚯蚓	—	—	采用毒死蜱颗粒剂进行防治

第6章

绿化花卉的栽植与
养护

第1节　室外花卉的栽植与管理

 **学习单元1　室外花卉的栽植**

室外花卉是物业环境中不可缺少的重要绿化材料，其灵活的应用方式和丰富的景观效果深受人们喜爱。

一、室外花卉栽植前场地的准备

1. 整地

整地的做法是：先翻耕土壤，细碎土块，清除石块、瓦片、残根、断茎及杂草等，以利于种子发芽及根系生长。在整地的同时，施入腐熟的有机肥，掺入少量的过磷酸钙，然后耙平。深翻的强度与花卉的种类有关，一、二年生花卉宜浅，宿根及球根花卉宜深。一、二年生花卉生长期短，根系入土不深，宜浅耕，翻耕深度20～30 cm。宿根花卉根系强大，定植后栽培数年至十余年，需深翻40～50 cm。球根花卉因地下部分肥大，对土壤要求尤为严格，需深翻30～40 cm。

地整好后作畦。北方干旱地区多用低畦，畦面两侧有畦埂，以保留雨水及便于灌溉。通常畦面宽100～120 cm，定植2～5行。畦的长短可按地块的情况而定。

2. 施基肥

露地花卉栽培，一般常以厩肥、堆肥、油饼或粪干等有机肥作基肥。厩肥和堆肥在整地前翻耕于土中，粪干及饼肥等则在播种或移植前进行沟施或穴施。目前已普遍采用无机肥料作为部分基肥，与有机肥料混合施用。化学肥料作基肥施用时，可在整地时混入土中，但不宜过深，也可在播种或移植前沟施或穴施，其上盖一层细土，再行播种或栽植。

二、室外花卉的定植

除去直播的某些种类外，露地花卉大部分为先在浅盆、穴盘、苗盘或苗床育苗，经分苗和移植后，最后定植于花坛或花圃中。

移植包括"起苗"和"栽植"两个步骤。

1. 起苗

起苗就是把花苗从苗床中起出。一般花苗在生出 5～6 枚真叶时进行起苗，一种是裸根苗，一种是带土苗。裸根起苗一般多用于小苗或易成活的大苗，对移栽不易成活的花卉种类多用带土苗进行移栽。起苗应在土壤湿润状态下进行，以使湿润的土壤附在根群上，同时避免掘苗时根系受伤。

2. 栽植

一般采用穴植法进行栽植。穴植法是依一定的株行距掘穴或以移植器打孔栽植。

裸根栽植时应将根系舒展于穴中，勿使其卷曲，然后覆土。定植后需镇压，镇压时压力应均匀向下，不应用力按压茎的基部，以免压伤。带土苗栽植时，填土于土球四周并镇压，不可镇压土球，以避免将土球压碎，影响成活和恢复生长。栽植深度应跟移植前的深度相同，如为轻松土壤，定植时稍栽深些；如为根出叶的苗，不宜深栽，否则发芽部位埋入土中，容易腐烂。栽植完毕后，用细孔喷壶充分灌水。定植大苗常采用畦面漫灌的方法。

由于移植时必然损伤根系，因此时间应选择在幼苗水分蒸腾量最低时进行，如无风的阴天、午后或傍晚光照不过于强烈时、降雨前。

 ## 学习单元 2　室外花卉的管理

对室外花卉进行合理的养护管理可以延长花卉的寿命，充分发挥其景观绿化效果，节约成本。

一、 室外花卉的养护管理

1. 室外花卉养护管理的意义

花卉是园林的重要组成部分，是美化环境、制造景观的重要部分。因此，在物业绿化环境的建设过程中，都会有针对性地种植大量的花卉，以期达到美化的效果。但是按照设计意图将各种类型的花卉进行搭配栽植于环境中，只是绿化的第一步。毕竟花卉在后期会经历一个生长的过程，要想让物业的绿化在

此后的数年、数十年甚至更长的时间内给人们带来预期的生态效益和景观效果，就必须要进行最基本的日常养护管理。

2. 室外花卉养护管理的目标

室外花卉主要作为物业的临时性装饰大量应用，其应用形式主要有露地栽培和盆花的组合摆放。室外花卉的养护目标以保持花卉的观赏效果为主，同时尽量延长花卉的观赏期限。

二、 室外花卉的养护管理技术

1. 灌溉

灌溉是花卉养护中至关重要的管理措施之一。灌溉的方法可分为地面灌溉、地下灌溉、喷灌及滴灌 4 种。

大面积苗圃多采用地面灌溉即畦灌或大水漫灌。此法的优点是灌水充足，费用较少；缺点是易使土面板结。

地下灌溉是将灌溉水引入田面以下一定深度，通过土壤毛细管作用，湿润根区土壤，以供作物生长需要。这种灌溉方式也称渗灌，适用于上层土壤具有良好毛细管特性，而下层土壤透水性弱的地区，但不适用于土壤盐碱化的地区。

喷灌是水从喷头喷出的灌水方式。与地面灌溉相比，喷灌省水、省工、不板结土壤并能防止土壤盐碱化，增加空气湿度，改善小气候，是今后灌溉发展的趋势。滴灌是利用低压管道系统，使灌溉水成点滴状，缓慢而经常不断地浸润植株根系附近的土壤。其优点是省水，缺点是设施投资大，管道和滴头容易堵塞。

幼苗期浇水，一般宜用细孔喷壶喷水，以免水力过大将小苗冲倒。幼苗移植后，为使根与土壤紧密相接，需要及时灌水，通常连续灌水两三次。灌水量及灌溉次数常因季节、土质及花卉的种类不同而异。

春季及夏季干旱时期应多次灌水，立秋后雨水多时应减少灌水以防止花卉徒长。沙质土比黏重土质灌溉次数为多。一、二年生花卉及球根花卉容易受旱，灌溉次数应比宿根花卉为多。

2. 施肥

生长期间分次施用追肥，以弥补基肥的不足。一般露地花卉发芽后，施第一次追肥，促使枝叶繁茂。在开花前施第二次追肥，助长开花。开花后，可施第三次追肥，以补偿养分的消耗。追肥除常用粪干、粪水外，也可用化学肥料。

各种肥分的施用量，依花卉种类不同而异。一、二年生草花和球根花卉较宿根花卉为多，球根花卉需磷、钾肥较多。

3. 中耕除草

中耕能疏松表土，减少水分的蒸发，增加土温，促使土壤内的空气流通及土壤中有益微生物的繁殖和活动，从而促进土壤中养分的分解，为花卉根系的生长和养分的吸收创造良好的条件。

4. 修剪

（1）整形。整形是对植株实施修剪的措施，使其形成一定的形状。常见露地花卉的整形方式有如下几种：

1）单干式。只留主干，不留侧枝，使顶端开花 1 朵。

2）多干式。留几个主枝，使其开出较多的花。

3）丛生式。生长期间多次摘心，促发侧枝，形成低矮丛生状株型，开出多数花朵。

4）悬崖式。全株枝条向下、向一个方向伸展，多用于小菊品种整形。

5）攀缘式。使枝条引缚或爬生在一定形式的支架上。

6）匍匐式。利用枝条自然匍匐地面的特性，使其覆盖地面。

（2）修剪。草本植物修剪不同于木本植物，主要包括以下技术措施：

1）摘心。摘除枝梢顶芽。摘心可以抑制徒长，促进侧枝产生与生长，可使株型低矮，株丛紧凑。

2）除芽。剥去过多的腋芽，限制枝数的增加和过多花朵的发生。

3）折梢。将新梢折曲，目的是抑制新梢的徒长，促进花芽的形成。

4）曲枝。为使枝条生长均衡，将生长势强的枝条向侧方压曲，弱枝则扶至直立，起到抑强扶弱的效果。

5）去蕾。除去侧蕾而留顶蕾，使顶蕾有充分的营养供应。

6）修枝。剪除枯枝及病虫害枝、位置不正而扰乱株形的枝条、花后残枝等。

5. 防寒越冬

我国北方在严寒冬季到来之前，对不耐寒的花卉应及时进行防寒，以保证其安全越冬。

（1）灌水法。每年冬季封冻前浇足防冻水，灌溉后土壤湿润，热容量大，因而能起到一定的保温和防寒作用。

（2）盖粪压土。对多年生宿根花卉，应于根际上盖厚 10 cm 的马粪或堆肥，上面用土压实。

（3）包草埋土。对不耐寒的木本花卉，应在清除枯枝烂叶后，先用草绳将枝条捆绕，然后用厚 5～8 cm 的稻草捆紧，最后在稻草基部堆高 20 cm 的土堆并压实。

（4）设风障。对面积大、数量多的草本花卉，可在北面设高 1.8 m 的风障进行防寒。

（5）架席圈。对植株高大、不耐寒的木本花卉，可在东、西、北三面设立支柱，支柱外围席防寒。

第 2 节　盆栽花卉的栽植与管理

　学习单元 1　盆栽花卉的栽植

盆栽花卉在物业绿化应用中大量使用，在物业环境的室内外绿化中都占有重要地位。

一、　盆栽花卉概述

1. 盆栽花卉的特点

（1）盆栽花卉不受条件的限制，只要有阳光照射的场所都可以放置。在室内养盆花，更为方便，阳台、窗台、走廊、庭院、房顶等地方都可以摆放盆花。

（2）盆栽花卉可以到处移动摆放，用它来点缀和装饰厅堂、居室和庭院，是最佳选择，利用率很高。

（3）盆花搬动灵活，故可随时使其适应气候等自然条件的变化。如在冬季，就可把本来适宜南方生长的花卉搬入室内向阳处，以利保温防冻，使盆花正常生长；在夏季，可把喜阴湿的花卉搬到阴凉处，以防晒降温；还可用人工控制光照、温度等环境条件，提早或延迟开花。

（4）盆栽花卉可以脱盆移栽至地面，可使根系少受影响，能提高幼苗移栽的成活率。

2. 常见的盆栽花卉

（1）文竹（见图 6—1）。百合科天门冬属，又名云片松、刺天冬、云竹，为多年生常绿藤本观叶植物，著名的观赏植物。以盆栽观叶为主，又为重要的切叶材料。

文竹根部稍肉质，茎柔软丛生，叶退化成鳞片状，淡褐色，着生于叶状枝的基部；叶状枝有小枝，绿色。主茎上的鳞片多呈刺状。花小，两性，白绿色，花期春季。浆果球形，成熟后紫黑色。原产南非，在中国有广泛栽培。

（2）凤尾竹（见图 6—2）。禾本科簕竹属，又名观音竹，原产中国南部。

图 6—1 文竹

图 6—2 凤尾竹

喜温暖湿润和半阴环境，耐寒性稍差，不耐强光暴晒，怕渍水，宜肥沃、疏松和排水良好的壤土，冬季温度不低于 0℃。凤尾竹株丛密集，竹干矮小，枝叶秀丽，能够吸收甲醛，净化空气，常用于盆栽观赏，点缀小庭院和居室，也常用于制作盆景或作为低矮绿篱材料。

（3）滴水观音（见图 6—3）。天南星科海芋属，又名滴水莲、佛手莲，有药用价值。在温暖潮湿、土壤水分充足的条件下，便会从叶尖端或叶边缘向下滴水；开的花像观音，因此称为滴水观音。

多年生直立草本，植株高达 2 m，地下有肉质根茎，叶柄长，有宽叶鞘，叶大型，盾状阔箭形，聚生茎顶，端尖，边缘微波，主脉明显。佛焰苞黄绿色，肉穗花序。

（4）绿萝（见图 6—4）。绿色的叶片上有黄色的斑块。其缠绕性强，气根发达，既可让其攀附于用棕扎成的圆柱上，摆于门厅、宾馆，也可培养成悬垂状置于书房、窗台，是一种较适合室内摆放的花卉。

图 6—3　滴水观音

图 6—4　绿萝

（5）发财树（见图 6—5）。又名瓜栗、马拉巴栗、鹅掌钱。喜高温高湿气候，耐寒力差，幼苗忌霜冻，成年树可耐轻霜及长期 5～6℃ 低温，中国华南地区可露地越冬，北方冬季须移入温室内防寒，喜肥沃疏松、透气保水的沙壤土，喜酸性土，忌碱性土或黏重土壤，较耐水湿，也稍耐旱。

立株形状美，叶色亮绿，树干呈锤形，盆栽后适于在家内布置和美化使用。

（6）吊兰（见图 6—6）。百合科吊兰属，多年生常绿草本植物又名垂盆草、桂兰、钩兰、折鹤兰，欧美国家称蜘蛛草，日本称折鹤兰，是相当常见的垂挂

图 6—5　发财树

图 6—6　吊兰

式观叶植物，原产于南非。

根肉质，叶细长，似兰花。叶腋中抽生出的匍匐茎，长可尺许，既刚且柔；茎顶端簇生的叶片，由盆沿向外下垂，随风飘动，形似展翅跳跃的仙鹤。故吊兰古有折鹤兰之称。

吊兰可以吸收空气中的灰尘等细小微粒，给潮湿的环境换换空气。是家庭净化空气的好帮手。

（7）金边虎皮兰（见图6—7）。龙舌兰科虎尾兰属，多年生常绿草本植物。

根茎呈匍匐状生长，无茎。植株高度可达1 m左右，叶片丛生并直立，肥厚革质，两面均有不规则的暗绿色云层状横纹，如虎尾而得名。有横走根状茎。叶基生，常1～2枚，也有3～6枚成簇的，直立，硬革质，扁平，但家庭中栽培常不见开花，以欣赏叶片为主。

图6—7 金边虎皮兰

性喜温暖湿润，耐干旱，喜光又耐阴。对土壤要求不严，以排水性较好的沙质壤土较好。其生长适温为20～30℃，越冬温度为10℃。虎尾兰可用分株和扦插繁殖。

（8）秋海棠（见图6—8）。秋海棠科秋海棠属，多年生常绿草本花木。其花色艳丽，花形多姿，叶色娇嫩柔媚、苍翠欲滴。性喜温暖、湿润、荫蔽的环境，怕强光直射，要求排水良好的沙性土壤。秋海棠是深受人们喜爱的室内外常用盆栽花卉。

（9）万寿菊（见图6—9）。又名臭芙蓉，一年生草本，管状花，花冠黄色，

图6—8 秋海棠

图6—9 万寿菊

原产墨西哥。我国各地均有栽培。万寿菊常于春天播种，因其花大、花期长，故常用于室外花坛布景，是目前秋季室外环境美化常用的简易盆栽花卉。

二、 盆栽花卉的栽植

1. 栽植土的配制

大多数花卉在中性偏酸性（pH5.5～7.0）土壤中生长良好，特别是喜酸性土壤的花卉，如兰花、桂花、山茶、杜鹃、栀子、含笑、广玉兰等，适宜在pH5.0～6.0的土壤中生长。如酸性过高，可在盆土中适当掺入一些石灰粉或草木灰；碱性过高则可加入适量的硫黄、硫酸亚铁、腐殖质肥等。

盆土的制作方法为：用枯枝、落叶、青草、果皮、粪便、毛骨、内脏等为原料，加上换盆旧土、炉灰、园土共同堆积，往上面浇灌人畜粪便，最后再在四周和上面覆盖园土，经过储放让其发酵腐烂，然后打碎过筛，即可使用，也可加少量蛭石、珍珠岩，并用石块、石砾垫在盆土的下面，增加土壤的通气性。

2. 上盆

当播种的花长出4～5片嫩叶或者扦插的花苗已生根时，就要及时移栽到大小合适的花盆中，这个操作过程叫作上盆。

上盆的材料与工具包括：空花盆、碎盆片、花铲、花卉苗木、粗培养土、细培养土、基肥。上盆的程序见表6—1。

表 6—1 　　　　　　　　　　　　　上 盆 程 序

步骤	方　　　法
选盆	（1）根据花苗大小不同选盆 （2）根据花卉种类选盆
洗盆	（1）新盆：要浸水，防止烧根 （2）旧盆：要清洗，防止病虫害
垫瓦片	（1）瓦片凹面向下 （2）盖于排水孔上
铺土	（1）下面铺一层粗培养土 （2）沿盆边放基肥 （3）再铺入少量细培养土

此外，由于根系已经充满盆内土壤，甚至一部分根系已经从排水孔钻出来，不利于植株的正常生长，这时就需要换大一号的花盆；由于盆土时间过长，盆

内土壤养分不足，导致植株生长不良，也需更换新的培养土，盆的大小可变。换盆多在春季出房前后进行。

学习单元 2　盆栽花卉的管理

盆栽花卉特殊的栽植环境决定其在养护管理上应有自己的特点，合理的养护管理可以更好地发挥盆栽花卉的绿化作用。

一、　盆栽花卉的养护管理概述

1. 盆栽花卉的养护管理的意义

通过对盆栽花卉进行适当的养护管理，既可达到良好的景观效果，又可以确保植物的正常生长，延长观赏植物的寿命，节约绿化美化总成本。

2. 盆栽花卉的养护管理特点

盆栽花卉是在人工控制下进行的，因此，可以依花卉的要求调节各个环境因素，人工调控光、温、水、气等因子的手段仍是盆栽花卉养护管理的主要内容。要取得良好的栽培效果，还必须掌握全面精细的栽培管理技术，即根据各种盆栽花卉的生态习性，采用相应的栽培管理技术措施，创造最适宜的环境条件，取得优异的栽培效果，达到质优、成本低、栽培期短、供应期长、产量高的生产要求。

二、　盆栽花卉的养护管理技术

1. 浇灌

盆花的浇水量一定要根据不同种类以及植株不同生长发育阶段区别对待，不同季节应掌握不同的浇水量，一般以盆表到盆底上下一致湿润为度。忌浇拦腰水（上湿下干）、窝水（盆底积水），还要避免盆孔流失土肥，致盆心出现空洞，严重影响盆花生长发育。浇水时间因季节变化而不同，春夏秋在上午 10 时前，冬季在午后 2 时后浇水，掌握水温与土温接近，冬季稍高，夏季稍低。春秋季、干旱季节除正常浇水外，还应经常向叶面及地面喷水，以增加环境湿度，防止嫩叶枯焦和花朵早凋。

2. 施肥

盆栽花卉在上盆时常施以基肥，基肥以有机肥为主，并配合适量复合肥，有机肥多以畜粪、饼肥和骨粉等与土壤混合堆积而成，使用时必须要腐熟，放置基肥时注意根系不能直接接触肥料。盆花在生长期间应根据不同生长阶段进行追肥，追肥都在花木生长时期施用，数量不要太多。盆栽花卉追肥大都采用浇稀薄液肥为主。稀薄液肥应事先在春天泡制，经夏季高温充分腐熟后才能施用，稀薄液肥有两种，一种是把碎骨块、豆粉、淘米水、麻酱渣等投入大缸内，加水上盖，放置在日光下，经高温腐熟。施用时再加清水冲淡，适用于所有的盆栽花卉。另一种是在泡制的肥水中，每 50 kg 水加入 500 g 硫酸亚铁（黑矾），施用时再加水冲淡，适用于喜酸性土的花卉。追肥应以淡肥勤施为原则，一般从开春到立秋，可每隔 7～10 天施一次稀薄的肥水，立秋后可 15～20 天施一次。

3. 整形与修剪

整形与修剪是保证花卉苗壮健康成长、保持优美形态常用的方法之一。整形修剪通常包括剪枝、摘心、剥芽、除蕾、疏花、疏果等。剪枝主要是剪除病虫枝、重叠枝、调整植株造型；摘心的目的是为了促使枝条组织充实，调节生长，增加侧芽，使株型丰满，花多而齐；剥芽和除蕾的目的是为了节约养分，使养分集中用于孕蕾开花，集中花蕾营养，控制花枝徒长，节省养分消耗，提高盆花的观赏价值。疏花、疏果作为园林养护的辅助手段，是生产中调节营养生长与生殖生长之间矛盾的重要手段。适当地疏花、疏果可以保持花卉健壮的生长势，提高观花或观果植物的观赏效果。

4. 翻盆

翻盆是将原盆土倒出后，将植株老根削掉 1/3，仅保留护心土及大部分根系，同时要适当修剪枝条及摘叶，然后换上新的培养土。

第 3 节　花卉常见病虫害防治

 学习单元 1　花卉常见病害及其防治

花卉在生长过程中，常遇到有害生物的侵染和不良环境的影响，使其在生理上和外部形态上都发生一系列的病理变化，致使花卉的品质和产量下降，这种现象称为花卉病害。广义的花卉不仅仅只包含草本花卉，还包括木本花卉、观叶类植物。

一、 花卉常见病害及表现

引起花卉发病的原因较多，主要是受到真菌、细菌、病毒、类菌质体、线虫、藻类、螨类和寄生性种子植物等有害生物的侵染及不良环境的影响所致。这些不同性质的原因引起的花卉病害，分别称为真菌病害、细菌病害、病毒病害、线虫病害及生理性病害（或称非侵染性病害），见表 6—2。

表 6—2 　　　　　　　　　　　　花卉常见病害分类及表现

病害	表现
真菌病害	真菌病害是由真菌引起的。真菌是一类没有叶绿素的低等生物，个体大小不一，多数要在显微镜下才能看清。真菌的发育分营养和繁殖两个阶段，菌丝为营养体，无性和有性孢子为繁殖体。它们主要借助风、雨、昆虫或花卉的种苗传播，通过花卉植物表皮的气孔、水孔、皮孔等自然孔口和各种伤口侵入体内，也可直接侵入无伤表皮。在生病部位上表现出白粉、锈粉、煤污、斑点、腐烂、枯萎、畸形等症状。主要有月季黑斑病、白粉病、菊花褐斑病、芍药红斑病、兰花炭疽病、玫瑰锈病、花卉幼苗立枯病等
细菌病害	细菌病害是由细菌引起的。细菌比真菌个体更小，是一类单细胞的低等生物，只有在显微镜下才能观察到它们的形态。它们一般借助雨水、流水、昆虫、土壤、花卉的种苗和病株残体等传播。主要从植株体表气孔、皮孔、水孔、蜜腺和各种伤口侵入花卉体内，引起危害。表现为斑点、溃疡、萎蔫、畸形等症状。常见的细菌病害有樱花细菌性根癌病、碧桃细菌性穿孔病及鸢尾、仙客来细菌性软腐病
病毒病害	病毒病害是由病毒引起的。近年来，病毒病虫已上升到仅次于真菌性病害的地位，病毒是极微小的一类寄生物，能为害多种名贵花卉，例如水仙、兰花、香石竹、百合、大丽花、郁金香、牡丹、芍药、菊花、唐菖蒲、非洲菊等。其症状有花叶黄化、卷叶、畸形、丛矮、坏死等。病毒主要通过刺吸式昆虫和嫁接、机械损伤等途径传播，甚至在修剪、切花、锄草时，手和园艺工具上沾染的病毒汁液都能起到传播作用。常见的有郁金香病毒病、仙客来病毒病、一串红花叶病毒病及菊花、大丽花病毒病等

病害	表　现
线虫病害	线虫病害是由线虫寄生引起的。线虫属一种低等动物，身体很小。一般为细长的圆筒形，两端尖，形似人们所熟悉的蛔虫，少数种类的雌虫呈梨形。线虫头部口腔中有一矛状吻针，用以刺破植物细胞吸取汁液。线虫病害主要为害菊科、报春花科、蔷薇科、凤仙花科、秋海棠科等花卉。其主要病状是在寄主主根及侧根上产生大小不等的瘤状物。常见的有仙客来、凤仙花、牡丹、月季等花木的根结线虫病

二、 花卉常见病害的防治

1. 幼苗猝倒病

（1）症状。幼苗发病初期呈水渍状斑，逐渐变为暗褐色至褐色，继续绕茎扩展，组织坏死叶子倒伏。土壤湿度大时，在病苗及附近土表出现白色絮状物。

（2）病原。猝倒病病原主要是瓜果腐霉菌。该菌菌丝无色、无隔膜，富含原生质粒状体，条件适宜时，菌丝体几天就可以产生无数的孢子囊。

（3）发病规律。病菌主要以卵孢子在表土层越冬，并在土中长期存活，也能以菌丝体在病残体或腐殖质上营腐生生活，并产生孢子囊。以游动孢子侵染花苗。

（4）防治方法

1）床土消毒。床土消毒对预防猝倒病效果十分显著，如对最容易感染猝倒病的一串红等进行床土消毒，消毒后很少再感染猝倒病。

2）加强苗期管理。选择排水好、通风透光地育苗。

3）药剂防治。在发病初期用75％百菌清可湿粉600倍液，25％甲霜灵可湿性粉剂800倍液进行防治。

2. 灰霉病

（1）症状 。该病为害叶片、花、花梗、叶柄以及嫩茎，也危害果实。灰霉菌侵害叶片，往往在叶缘或叶尖处出现暗绿色水渍状斑（如开水烫伤），并不断向叶内扩展，湿度大时造成褐色腐烂，其上长满灰色霉状物；湿度变小时，发病部位变成褐色、浅褐色、枯黄色等干枯状（因花卉种类不同而异）。花瓣上出现褐色、浅褐色、白色等水渍状斑块（因花卉种类不同而异），继而腐烂。嫩茎或含水量高的茎上出现褐色斑块，温湿度合适，病斑上下左右扩展很快，使病部发生褐色腐烂，枝、茎秆折断或倒伏，病部以上部分萎蔫、枯萎死亡。发病严重时整株死亡。无论花卉的哪个部位发病，在高湿条件下，病部长出灰色霉状物是它们的共同特征，也是该病的重要症状。

（2）发病规律。病菌以菌核、菌丝或分生孢子随病残体在土壤中越冬。翌年，当气温达 20℃，湿度较大时，产生大量分生孢子，借风雨等传播侵染。

如仙客来灰霉病见图 6—10，叶片发病时，先由叶缘出现水渍状暗绿色斑纹，后逐渐扩展至全叶，使叶片变褐腐烂，最后全叶褐色干枯；叶柄、花梗、花受害时，发生水渍状腐烂、软化，并产生灰霉层。发病严重时，叶片枯死，花器腐烂，霉层密布。灰霉层是分生孢子梗和分生孢子。

图 6—10　仙客来灰霉病

高湿有利于该病发生，在湿度大的温室内该病可常年发生。土壤黏重、排水不良、光照不足、连作地块易发病。

（3）防治方法

1）物理防治法：及时清除病花、病叶，拔除重病株，集中销毁，减少侵染来源；加强栽培管理，改善通风透光条件；温室内要适当降低湿度，减少伤口；合理施肥，增施钙肥，控制氮肥用量。

2）药剂防治法：波尔多液、代森锰锌可湿性粉剂、扑海因、甲霜灵；选用50％速克灵可湿性粉剂 2 000 倍液、50％扑海因可湿性粉剂或 50％农利灵可湿性粉剂 1 500 倍液、15％绿帝可湿性粉剂 500～700 倍液进行叶面喷雾。用 50％速克灵烟剂熏烟、45％百菌清烟剂，每 100 m² 的用药量为 40 g，于傍晚分几处点燃后，封闭大棚或温室，过夜即可。

3. 叶斑病

（1）症状。叶斑病是叶片组织受局部侵染，导致出现各种形状斑点病的总称。叶斑病的类型很多，可因病斑的色泽、形状、大小、质地、有无轮纹等不同，分为黑斑病、褐斑病、圆斑病、角斑病、斑枯病、轮斑病、炭疽病等。通常从接近地面的老叶开始发病，逐渐向上蔓延。发病初期，叶面上出现近圆形的小黑点，或扩大成 5～10 mm 的圆形、椭圆形黑斑，中间灰黑色，并有黑色小点。

（2）发病规律。病菌主要以菌丝体或子实体在落叶、枯枝及宿根等病组织中越冬（夏）。一般来说，叶斑病比较容易防治。

图 6—11　月季黑斑病

1）月季黑斑病（见图 6—11）。该病除危害月季外，还危害蔷薇、黄刺玫、山玫瑰、金樱子、白玉棠等近百种蔷薇属植物及其杂交种。主要危害叶片，感病初期叶片上出现褐色小点，以后逐渐扩大，边缘呈不规则的放射状，病部周围组织变黄，病斑上生有黑色小点，即病菌的分生孢子盘，严重时病斑连片，甚至整株叶片全部脱落，成为光杆。嫩枝上的病斑为长椭圆形，暗紫红色，稍下陷。此病为月季的一种发生普遍而又危害严重的病害。常在夏秋季造成黄叶、落叶，影响月季的开花和生长。

病菌以菌丝体和分生孢子在病枝和病落叶上越冬。翌年 4—5 月，病菌借风雨、浇水等传播。温度适宜、叶面有水滴时即可侵入危害，潜伏期 7～10 天，多从下部叶片开始侵染。多雨天气有利于发病。在长江流域一带，5—6 月和 8—9 月出现两次发病高峰期。在北方一般 8—9 月发病最重。雨水是病害流行的主要条件。低洼积水、通风不良、光照不足、肥水不当、卫生状况不佳等都利于发病。月季不同品种间抗病性也有差异，一般浅色黄花品种易感病。

2）菊花褐斑病（见图 6—12）。此病主要危害菊花叶片，先从靠近地面的老叶开始发病，后逐渐向上蔓延。发病初期，叶面出现近圆形的小黑点，后扩大为圆形或椭圆形的黑斑，中心灰黑色，并生有黑色小点。严重时，数个病斑相连成片，整个叶片焦黑脱落，有的则卷成筒状下垂，叶面凹凸不平，一碰即脱落，整株枯死。

3）兰花炭疽病（见图 6—13）。主要危害春兰、蕙兰、建兰、墨兰、寒兰以及大花蕙兰、宽叶兰等兰科植物。叶片上的病斑以叶缘和叶尖较为普遍，少数发生在基部，病斑长圆形、梭形或不规则形，有深褐色不规则线纹，病斑中央灰褐色至灰白色，边缘黑褐色。后期病斑上散生有黑色小点，即分生孢子器。病斑多发生于上中部叶片。

图 6—12　菊花褐斑病

图 6—13　兰花炭疽病

病菌以菌丝体在病株及病叶上越冬。植株生长衰弱、高温高湿、通风不良时，发病严重。老叶比新叶发病重。

（3）防治方法

1）选育或使用抗病品种，加强养护管理，增强植株的抗病能力；选用无病植株栽培；合理施肥与轮作，种植密度要适宜，以利通风透光，降低湿度；注意浇水方式，避免喷灌；盆土要及时更新或消毒。

2）消灭初侵染来源，彻底清除病残落叶及病死植株并集中烧毁。休眠期喷施 3～5 波美度的石硫合剂。

3）药剂防治，特别是在发病初期及时喷施杀菌剂，如代森锌、福星乳油、多抗霉素可湿性粉剂、乐比耕可湿性粉剂。

4. 白粉病类

（1）症状。白粉病是植物上发生极为普遍的一种病害。一般多发生在寄主生长的中后期，可侵害叶片、嫩枝、花、花柄和新梢。在叶上初为褪绿斑，继而长出白色菌丝层，并产生白粉状分生孢子，在生长季节进行再侵染，重者可抑制寄主植物生长，叶片不平整，以致卷曲，萎蔫苍白。幼嫩枝梢发育畸形，病芽不展开或产生畸形花，新梢生长停止，使植株失去观赏价值。

（2）发病规律。月季白粉病（见图 6—14）。除在月季上普遍发生外，还可寄生蔷薇、玫瑰等。主要危害叶片、新梢、

图 6—14　月季白粉病

花蕾、花梗，使得被害部位表面长出一层白色粉状物（即分生孢子），同时枝梢弯曲，叶片皱缩、畸形或卷曲。老叶较抗病，嫩梢和叶柄发病时病斑略肿大，节间缩短。严重时叶片萎缩干枯，花少而小，严重影响植株生长、开花和观赏。花蕾受害后被满白粉层，逐渐萎缩干枯。受害轻的花蕾开出的花朵呈畸形。幼芽受害不能适时展开，比正常的芽展开晚且生长迟缓。

病菌主要以菌丝在寄主植物的病枝、病芽及病落叶上越冬。分生孢子借风力大量传播、侵染，在适宜条件下只需几天的潜育期。1年当中5—6月及9—10月发病严重。温室栽培时可周年发病。温室栽培较露天栽培发生严重。

月季品种间抗病性有差异，墨红、白牡丹、十姐妹等易感病，而粉红色重瓣种粉团蔷薇则较抗病。

多施氮肥、栽植过密、光照不足、通风不良都会加重该病的发生。灌溉方式、时间均影响发病，滴灌和白天浇水能抑制病害的发生。

（3）防治方法

1）消灭越冬病菌，秋冬季节结合修剪，剪除病弱枝，并清除枯枝落叶等集中烧毁，减少初侵染来源。

2）休眠期喷洒2～3波美度的石硫合剂，消灭病芽中的越冬菌丝或病部的闭囊壳。

3）加强栽培管理，改善环境条件。盆花摆放密度不要过密；温室栽培注意通风透光。增施磷、钾肥，氮肥要适量。灌水最好在晴天的上午进行。灌水方式最好采用滴灌和喷灌，不要漫灌。生长季节发现少量病叶、病梢时，及时摘除烧毁，防止扩大侵染。

4）化学防治。发病初期喷施15％粉锈宁可湿性粉剂1 500～2 000倍液、25％敌力脱乳油2 500～5 000倍液、40％福星乳油8 000～10 000倍液、45％特克多悬浮液300～800倍液。温室内可用10％粉锈宁烟雾剂熏蒸。

5）生物制剂。近年来生物农药发展较快，BO-10（150～200倍液）、抗霉菌素120对白粉病也有良好的防效。

6）种植抗病品种。选用抗病品种是防治白粉病的重要措施之一。

5. 枯萎病

（1）症状。苗期染病，叶片变黄萎蔫，根系发生不同程度腐烂。成株染病叶、芽、头状花序萎蔫而主茎长久呈绿色。初发病时叶片变为黄绿色，下部叶片先萎蔫，后根系全部腐烂，造成全株枯死，剖开病茎，可见维管束变褐。病茎基部可见粉红色霉菌，近地表处或土层中较明显，这是病原菌的分生孢子梗和分生孢子。

（2）发病规律。此病在夏季高温地区表现枯萎且严重，而在夏季低温地区则表现为茎腐。病菌以菌丝体及厚垣孢子在土壤及病残体中越冬，病残体中的病原菌可存活数年。病菌通过土壤和灌溉传播，高温多雨季节发病较重。

（3）防治方法

1）选种抗病品种，实行 4 年以上轮作。

2）土壤、种子消毒。用 80％多福锌（绿亨 2 号）可湿性粉剂土壤消毒，种子在 30℃水中浸湿 30 min 后，捞起浸入 1％氧化汞中，在 40℃经过 30 min，然后沥干种子，再用冷水洗涤，在室温下干燥备用。也可用 0.25％福尔马林液浸种 20 min。

3）发现病株，及早拔除，烧毁或深埋，并用药剂消毒病穴。

4）发病初期喷洒 50％苯菌灵可湿性粉剂 1 000 倍液或 36％甲基硫菌灵悬浮剂 600 倍液、47％加瑞农可湿性粉剂 700 倍液、80％绿亨 2 号 600～800 倍液、10％治萎灵水剂 300 倍液或 12.5％增效多菌灵浓可溶剂 300 倍液。

6. 病毒病

（1）症状。病毒病在绿化植物中不仅大量存在，而且危害严重。目前，无病毒的花木基本上是不存在的。在自然界，一种花木常受到几种、几十种病毒的侵染。病毒病发生后，使寄主叶色、花色异常，器官畸形，植株矮化，严重时不开花，甚至毁种。

（2）发病规律。发病初期，叶片出现褪绿色斑驳，多呈多角形，最后变褐色。病株矮小，病叶黄化、扭曲，花小而少。病毒在病鳞茎及病植株体内越冬，由汁液和蚜虫传播，通过伤口侵入。

（3）防治方法

1）加强检疫，防止病苗及其他繁殖材料进入无病区，选用健康无病的插条、种球等作为繁殖材料。

2）采取茎尖组培脱毒法得到无毒种苗，从而减轻病毒病的发生。

3）在田间日常管理中，如摘心、掰芽、整枝等过程中，要用 3％～5％的磷酸三钠或热肥皂水对手和工具进行消毒。

4）定期喷施杀虫剂，防止昆虫传播病毒。如氧化乐果、抗蚜威等。

5）发现病株及时拔除并彻底销毁。近几年来，随着科技的发展，已研制出了几种对病毒病有效的药剂，如病毒 A、病毒特、病毒灵、抗毒剂 1 号等。

7. 细菌性软腐病

（1）症状。主要危害假鳞茎和叶片。茎染病多始于靠近土面部位。初生暗绿色水浸状不规则斑，茎部组织很快变软腐烂。叶片染病多始于叶基，叶片失去光泽，病斑沿叶脉从下向上扩展，病部发软腐烂，叶片下垂或掉下。潮湿时病部组织出现菌脓。

病菌在病株或者病残体存活，从植物表面的伤口侵入，在扩展过程中分泌原果胶酶，分解寄主细胞间中胶层的果胶质，使细胞解离崩溃、水分外渗，致病组织呈软腐状。由细菌引起的软腐病常因伴随的杂菌分解蛋白胶产生吲哚而发生恶臭。

（2）防治方法

1）减少侵染来源。摘除病叶，拔除病株，清除病株残体并烧毁。

2）有病土壤不能连续使用，染病花盆要热处理灭菌后方可再用，接触过病株的用具要用0.1%高锰酸钾或70%酒精消毒后再用。

3）移栽时细心操作，及时防治地下害虫，以减少伤口；增施磷、钾肥，加强通风透光、浇水以滴灌为佳，忌使块茎顶端沾水。

4）该病蔓延很快，要加强预防工作。发病初期，要立即喷洒或浇灌链霉素液或土霉素液，控制病害的蔓延。

8. 炭疽病类

（1）症状。炭疽病是黑盘孢目真菌所致病害总称。主要为害植物叶片，同时在茎、花、叶柄上也会发生。

炭疽病发生在茎上时产生圆形或近圆形的病斑，呈淡褐色，其上生有轮纹状排列的黑色小点。发生在嫩梢上的病斑为椭圆形的溃疡斑，边缘稍隆起。

（2）发病规律。炭疽病主要发生在植物叶片上，严重时，使大半叶片枯黑死亡。发病初期在叶片上呈现圆形、椭圆形红褐色小斑点，后期扩展成深褐色圆形病斑，最后病斑转为黑褐色，并产生轮纹状排列的小黑点，即病菌的分生孢子盘。在潮湿条件下病斑上有粉红色的黏孢子团。严重时一个叶片上有十多个至数十个病斑，后期病斑穿孔，病斑多时融合成片导致叶片干枯。病斑可形成穿孔，病叶易脱落。

如兰花炭疽病（见图6—15），在我国栽培兰花的地区均会发生炭疽病，尤以天津、上海、南京、广州、成都、连云港及西安等地受害较严重。该病严重时不仅影响兰花的正常生长，还会导致全叶枯死。

炭疽病除为害春兰、墨兰、蕙兰、建兰、寒兰等地生兰（即中国兰花，简称兰花）以外，还危害虎头兰、宽叶兰等附生兰，以及广东万年青、紫罗兰、金盏花、扶桑、桂花等多种花卉。

炭疽病主要为害兰花的叶片，有时也侵染茎和果实。叶上病斑因所处叶片部位不同而形状不同。早期斑块中央为浅褐色或灰白色，边缘深褐色或黑褐色，周围有退绿色晕圈；后期

图 6—15　兰花炭疽病

病斑上产生黑色小点，散生或略呈轮状排列，在潮湿条件下，会出现橙黄色黏稠物。叶片上病斑随着病害的发展可扩展为长达数厘米不规则形的大斑，或病斑连接成片，最后引起叶片枯黄。茎、果受害出现不规则形或长条状黑褐色病斑。

（3）防治方法

1）加强栽培管理。温室要通风透光；冬季和早春做好保暖工作，避免冻害和霜害，增强抗御病能力；移出室外后置于荫棚下防雨；浇水时自花盆边缘徐徐浇入或浸盆灌溉，避免上方淋浇造成病菌随水滴飞溅传播；花盆放置不宜过密；兰花用肥宜熟不宜生，生肥易诱发炭疽病；盆栽时应更换新土。

2）清除侵染源。冬季入室前，要将植株上的病叶及盆中的病残体彻底清除烧毁或深埋；冬、春季，向地面、盆面、株上全面喷施 0.5％～1％ 波尔多液 1～2 次。

3）药剂防治。发病前，用 0.5％～1％ 波尔多液或 65％ 代森锌可湿性粉剂 600～800 倍液，每隔 7～10 天喷洒 1 次，有较好的保护作用；发病期间可用 50％ 多菌灵 800 倍液或 75％ 甲基托布津 1 000 倍液喷洒，均能控制病害蔓延。

4）非农药防治法。兰花叶面喷洒食醋，可防治炭疽病。取 1 汤匙的食醋倒入 1 kg 清水中混合，喷洒兰株。也可在使用农药时加入食醋。也可用生石灰水溶液进行防治，先用适量水将生石灰风化成粉状，取风化的生石灰粉、清水按 1∶60 的比例放入容器泡制，取其澄清液喷洒兰株周围防治炭疽病。

9. 锈病类

（1）症状。锈病是一类特征很明显的病害。锈病因多数孢子能形成红褐色

或黄褐色、颜色深浅不同的铁锈状孢子堆而得名。锈菌大多数侵害叶和茎，有些也为害花和果实，产生大量的锈色、橙色、黄色，甚至白色的斑点，以后出现表皮破裂露出铁锈色孢子堆，有的锈病还引起肿瘤。

图6—16　玫瑰锈病

（2）发病规律。锈病多发生于温暖湿润的春秋季，在不适宜的灌溉、叶面凝结雾露及多风雨的天气条件下最利于发生和流行。

（3）玫瑰锈病（见图6—16）。主要为害芽、叶片，也为害叶柄、花、果、嫩枝等部位。发病初期，叶片正面出现淡黄色粉状物。反面生有黄色稍隆起的小斑点——锈孢子器，初生于表皮下，成熟后突破表皮散出橘红色粉末，随着病情的发展，后期又出现橘黄色粉堆——夏孢子，秋末叶背出现黑褐色粉状物，即冬孢子堆和冬孢子。受害叶早期脱落，影响生长和开花。

病菌以菌丝体在芽内和以冬孢子在发病部位及枯枝落叶上越冬。玫瑰锈病为单主寄生。翌年玫瑰芽萌发时，冬孢子萌发，侵入植株幼嫩组织，4月下旬出现明显的病芽，在嫩芽、幼叶上呈现出橙黄色粉状物，即锈孢子。5月间玫瑰花含苞待放时开始在叶背出现夏孢子，借风、雨、虫等传播，进行第1次再侵染。条件适宜时叶背不断产生大量夏孢子，进行多次再侵染，造成病害流行。6月、7月和9月发病最为严重。四季温暖、多雨、空气湿度大为病害流行的主要因素。

（4）防治方法

1）加强栽培管理，提高抗病性。改善植物的生长环境，提高抗病能力，做好土壤改良，增强土壤通透性，提高土地肥力，整理好园地灌排系统。选用健壮、无病虫枝作插条、接穗等无性繁殖材料，严格除去病菌。控制种植密度，不宜过密。

2）结合园圃清理及修剪，及时将病枝芽、病叶等集中烧毁，以减少病原。

3）3—4月在桧柏上喷洒1：2：100倍的波尔多液，抑制冬孢子堆遇雨膨裂产生担孢子。

4）发病初期可喷洒15％粉锈宁可湿性粉剂1 000～1 500倍液，每10天1次，连喷3～4次；或用12.5％烯唑醇可湿性粉剂3 000～6 000倍液、10％世高水分散粒剂稀释 6 000～8 000 倍液、40％福星乳油 8 000～10 000 倍液喷雾防治。

10. 煤污病类

（1）症状。主要为害中下部叶片、叶柄和茎。病部表面产生黑色煤粉状可以抹去的菌丝层，叶上发病像黏附一层煤层。发病重时叶片呈污黑状，影响植物光合作用。

该病一般有多种附生菌和寄生菌。常见的有性态是小煤炱菌和煤炱菌；常见的无性态是散播烟霉和枝孢霉。该菌主要依靠蚜虫、介壳虫的分泌物生活。

（2）发病规律。病菌以菌丝体、分生孢子和子囊孢子在病部及病落叶上越冬，成为次年的初侵染源；菌丝、分生孢子由气流、昆虫等传播。病菌可腐生在蚜虫、粉虱、蚧壳虫等昆虫的排泄物、分泌物、植物自身的分泌物或通过吸器寄生于寄主植物上。

高温、高湿、通风透光差，蚜虫、蚧壳虫等害虫发生猖獗，均能加重煤污病的发生。煤污病的寄主范围很广，常见的寄主有山茶、米兰、扶桑、木本夜来香、白兰花、五色梅、阴绣球、牡丹、蔷薇、夹竹桃、木槿、桂花、木兰、紫背桂、含笑、紫薇、苏铁、金橘、橡皮树等。非洲菊和菊花的煤污病见图 6—17 和图 6—18。

图 6—17　非洲菊煤污病

图 6—18　菊花煤污病

（3）防治方法

1）喷洒杀虫剂防治蚜虫、蚧壳虫等害虫，减少其排泄物或蜜露，从而达到防病的目的。

2）在植物休眠季节喷洒 3～5 波美度的石硫合剂，杀死越冬的菌源，从而减轻病害的发生。

3）对寄主植物进行适度修剪，温室要通风透光良好，以便降低湿度，减轻病害的发生。

11. 枝干病害

绿化植物枝干病害虽不如叶、花、果病害多，但对绿化植物的危害性很大，往往引起枝枯或全株死亡。引起枝干病害的病原有真菌、细菌、植原体、寄生性种子植物和茎线虫等。非生物病原有日灼、冻裂伤和枯梢。症状类型主要有腐烂、溃疡、枝枯、肿瘤、丛枝、黄化、萎蔫、腐朽、流脂流胶等。

图6—19　月季枝枯病

（1）月季枝枯病（见图6—19）。该病害主要发生于枝条及嫩茎上，初期为红色或紫红色圆斑，后逐渐扩大成较大的病斑，病斑中心灰褐色，稍下陷，边缘紫褐色，略隆起，周围常有一红色晕圈。后期病组织产生黑色小颗粒，即病菌的分生孢子器。发病严重，病斑包围枝条一周时，致使病部以上的枝叶全部枯死。

病菌以分生孢子器和菌丝体在植株病组织中越冬。翌春，分生孢子器产生大量的分生孢子，随风雨、灌水传播。从伤口侵入，进行初侵染。南方地区梅雨季节发病严重。管理差，树势衰弱的植株发病重。

防治方法如下：

1）及时修剪并销毁。修剪应在晴天进行，以利于伤口愈合，修剪口可用1％硫酸铜消毒，再涂波尔多浆或其他药剂保护伤口。

2）药剂防治在生长期内可选用50％多菌灵800、70％甲基托布津或0.1％代森锌与0.1％苯来特混合液喷洒均可。

（2）根结线虫病。该病在我国南北许多省都有发生。被害植株的侧根和支根（主要侵染嫩根），产生许多大小不等的瘤状物，初表面光滑，淡黄色，后粗糙，质软。剖视可见瘤内有白色透明的小粒状物，即根瘤线虫的雌成虫。病株根系吸收机能减弱，病株生长衰弱，叶小，发黄，易脱落或枯萎，有时会发生枝枯，严重的整株枯死。

病土是最主要的侵染来源。在病土内越冬的幼虫，可直接侵入寄主的幼根，刺激寄主中柱组织，形成巨型细胞，并形成根结。也可以虫瘿随同病残体在土中越冬，翌年环境适宜时，越冬卵孵化为幼虫入侵寄主。线虫可通过水流、肥料、种苗传播。

根结线虫的防治方法如下：

1）加强植物检疫，以免疫区扩大。在有根结线虫发生的圃地，应避免连作感病寄主。

2）药剂防治：利用溴甲烷处理土壤；将3％呋喃丹颗粒剂或15％铁灭克颗粒剂分别按4～6 g/m² 及1.2～2.6 g/m² 的用量拌细土施于播种沟或种植穴内。

3）盆土药剂处理。将5％克线磷按土重的0.1％与土壤充分混匀，进行消毒；也可将5％克线磷或10％丙线磷，按盆口内径6 cm用药0.75 g或0.50 g计，施入花盆中。

12. 根癌病

（1）症状。根癌病又称冠瘿病、根瘤病，在国内分布广泛。该病寄主范围广，除危害樱花外，还危害菊花、大丽菊、石竹、天竺葵、桃、月季、蔷薇、梅、夹竹桃、柳、核桃、花柏、南洋杉、银杏、罗汉松等。

该病主要发生在根颈处，也可发生在主根、侧根以及地上部的主干与侧枝上，发病初期病部膨大呈球形或球形的瘤状物，幼瘤初为白色、质地柔软、表面光滑，以后瘤肿逐渐增大、质地变硬、褐色或黑褐色、表面粗糙龟裂。肿瘤的大小形状各异，草本植物上的肿瘤小，木本植物及肉质根的肿瘤大。由于根系受到破坏，发病轻的造成植株生长缓慢、叶色不正，严重者则引起全株死亡。

病原细菌可在病瘤内或土壤病株残体上生活1年以上。病菌可由灌溉水、雨水、采条、嫁接、园艺工具、地下害虫等进行传播。远距离传播靠病苗和种条的运输所造成。病原细菌从伤口侵入，经数周或1年以上就可出现症状。碱性、湿度大的沙壤土发病率较高。连作有利于病害的发生。嫁接时切接比芽接发病率高。苗木根部伤口多时发病重。

（2）防治方法

1）病土须经热力或药剂处理后方可使用，或用溴甲烷进行消毒，病区应实施2年以上的轮作。

2）病苗须经药液处理后方可栽植，可选用500～2 000 mg/kg链霉素浸泡30 min或在1％硫酸铜溶液中浸泡5 min。发病植株切除病瘤后用500～2 000 mg/kg链霉素或用500～1 000 mg/kg土霉素涂抹伤口。

3）外科治疗。对于初起病株，用刀切除病瘤，然后用石灰乳或波尔多液涂抹伤口，或用甲冰碘液（甲醇50份、冰醋酸25份、碘片12份），或用二硝基邻甲酚钠20份、木醇80份混合涂瘤，可使病瘤消除。

三、 花卉病害防治的注意事项

进行药剂配制时一定要阅读说明书，看清注意事项和相关浓度的配比要求，需要稀释的药剂要按要求进行稀释，避免浓度过高对花卉叶片造成伤害。

防治过程中要注意安全，养护器械的操作要规范，对相关工作人员要进行安全培训。药物防治时，操作人员要注意个人防护，避免人体与药剂接触。

 学习单元 2　花卉常见虫害及其防治

虫害是花卉栽培中常见的问题，不仅严重影响花卉的观赏价值，甚至会造成植株的死亡。在进行物业绿化养护管理时，虫害也是花卉生长情况检测的重点。

一、 花卉常见虫害

1. 常见叶部虫害概述

花卉食叶害虫种类很多，主要属于四个目，常见的种类分属见表 6—3。

表 6—3　　　　　　　　　　花卉食叶害虫种类分属

类别	虫　　害
鳞翅目	刺蛾、毒蛾、灯蛾、天蛾、夜蛾、螟蛾、卷蛾、枯叶蛾、尺蛾、大蚕蛾及蝶类
鞘翅目	鞘翅目叶甲、金龟甲、象甲、植食性瓢虫
膜翅目	叶蜂
直翅目	蝗虫等

（1）虫害特点。大多数害虫营裸露生活（少数卷叶、潜叶、钻蛀），容易受环境条件的影响，天敌种类多，虫口数量波动明显；繁殖能力强，产卵量一般比较大，易爆发成灾，并能主动迁移扩散；某些害虫的发生表现为周期性。

（2）花卉常见食叶类虫害的防治

1）蝶类

①代表种。菜粉蝶，又称菜青虫、菜白蝶，属粉蝶科。

②危害特点。菜粉蝶全国各地均有分布，主要为害十字花科植物的叶片，特别嗜好叶片较厚的甘蓝、紫罗兰等。幼苗期危害可引起植株死亡。幼虫危害

造成的伤口又可引起软腐病的侵染和流行，
严重影响观赏效果。菜粉蝶幼年态见图 6—
20，成虫见图 6—21。

图 6—20 菜粉蝶幼年态

菜粉蝶的发生有春、秋两个高峰。夏
季由于高温干燥，菜粉蝶的发生呈现一个低潮。

③综合治理办法。首先要加强检疫，从源头阻断虫源，再用人工防治的方

图 6—21 菜粉蝶成虫

法；人工捕杀幼虫和越冬蛹，在养护管
理中摘除有虫叶和蛹；成虫羽化期可用
捕虫网捕捉成虫；还可进行生物防治，
在幼虫期，喷施每毫升含孢子 $100×10^8$
以上的青虫菌粉或浓缩液 $400～600$ 倍
液，加 0.1% 茶饼粉效果以增加药效；
化学防治也是较为常见的方法，可于低
龄幼虫期喷 $1\,000$ 倍的 20% 灭幼脲 1 号
胶悬剂。

2）刺蛾类

①代表种。黄刺蛾，又称刺毛虫。

②危害特点。黄刺蛾为害石榴、月季、山楂、芍药、牡丹、红叶李、紫薇、
梅花、蜡梅、海仙花、桂花、大叶黄杨等观赏植物，是一种杂食性食叶害虫。
初龄幼虫只食叶肉，4 龄后蚕食整叶，常将叶片吃光，严重影响植物生长和观
赏效果。黄刺蛾幼虫见图 6—22，成虫见图 6—23。

图 6—22 黄刺蛾幼虫茧

图 6—23 黄刺蛾成虫

③综合治理办法。秋冬季和早春消灭过冬虫茧中幼虫。及时摘除虫叶，杀
死刚孵化尚未分散的幼虫。秋冬季摘虫茧，放入纱笼，网孔以刺蛾成虫不能逃

出为准，保护和引放寄生蜂。或于较高龄幼虫期喷 500～1 000 倍的每毫升含孢子 100 亿以上的 Bt 乳剂等。在幼虫盛发期喷洒 50％辛硫磷乳油 1 000～1 500 倍液、50％马拉硫磷乳油 1 000 倍液、5％来福灵乳油 3 000 倍液。也可利用黑光灯诱杀成虫。

图 6—24　大绿金龟

3）金龟甲类

①代表种。大绿金龟（见图 6—24）。

②危害特点。主要危害野牡丹、桃金娘等。

③综合治理办法。人工防治：利用成虫的假死性进行振落捕杀；冬季翻耕土地，杀灭越冬成虫和幼虫。诱杀成虫：利用成虫趋光性在成虫盛发期设置黑光灯进行诱杀；白星花金龟还可以利用其对酸甜物质的趋性用糖醋液诱杀。化学防治：成虫发生量大时，可在危害期用 75％辛硫磷乳油、50％马拉硫磷乳油、40％乐果乳剂 1 000～2 000 倍液，进行喷雾。或在成虫出土初期用 50％辛硫磷颗粒剂 15～30 kg/h 进行地面施药。

4）食叶瓢虫

①代表种。茄二十八星瓢虫（见图 6—25、图 6—26）。

图 6—25　茄二十八星瓢虫幼虫

图 6—26　茄二十八星瓢虫成虫

②危害特点。食叶瓢虫分布于全国各地，江西、浙江、湖北、湖南等地均有发生，危害茄子、枸杞、冬珊瑚、曼陀罗、桂竹香、三色堇等。以幼虫和成虫在叶片取食叶肉，吃后仅留表皮，呈不规则的线纹，如被害面积大，叶即枯萎变褐，最终导致植株死亡。

③综合治理办法。人工捕杀：利用成虫假死习性，早晚拍打寄主植物，用

盆接住落下的成虫集中杀死。产卵盛期采摘卵块毁掉。药剂防治：幼虫孵化或低龄幼虫期适时用药防治，50％辛硫磷乳油 1 000 倍液或 2.5％功夫乳油 4 000 倍液喷雾。

（3）花卉常见吸汁类虫害的防治。吸汁害虫是指用刺吸式口器刺吸植物汁液的一类害虫。主要种类有蝉、蚜虫、木虱、粉虱、蚧虫、蓟马、螨类等。

吸汁害虫吸取植物汁液，掠夺其营养，造成生理伤害，使受害部分褪色发黄、畸形、营养不良，甚至整株枯萎死亡。有的会引起煤污病，有的会传播病毒病。一般个体小但发生的数量很大。

1）蝉类

①代表种。大青叶蝉（见图 6—27），同翅目，叶蝉科，又名青叶跳蝉、青叶蝉、大绿浮尘子等。分布在全国各地。寄主 160 种植物，较为广泛。一年繁衍 3～5 代，以卵于树木枝条表皮下越冬。4 月孵化。各代发生期大体为：第 1 代 4 月上旬至 7 月上旬，成虫 5 月下旬开始出现；第 2 代 6 月上旬至 8 月中旬，成虫 7 月开

图 6—27　大青叶蝉

始出现；第 3 代 7 月中旬至 11 月中旬，成虫 9 月开始出现。发生不整齐，世代重叠。成虫有趋光性，夏季颇强，晚秋不明显。产卵于寄主植物茎秆、叶柄、主脉、枝条等组织内，产卵处的植物表皮成肾形凸起。

②危害特点。成虫和若虫危害叶片，刺吸汁液，造成褪色、畸形、卷缩，甚至全叶枯死。此外，还可传播病毒病。

③综合治理办法。人工防治：清除花木周围的杂草；结合修剪，剪除有产卵伤痕的枝条，并集中烧毁；对于蚱蝉可在成虫羽化前在树干绑 1 条 3～4 cm 宽的塑料薄膜带，拦截出土上树羽化的若虫，傍晚或清晨进行捕捉消灭。灯光诱杀：在成虫发生期用黑光灯诱杀，可消灭大量成虫。药剂防治：对叶蝉类害虫，应掌握在其若虫盛发期喷药防治。可用 40％乐果乳油 1 000 倍液、50％叶蝉散乳油或 20％杀灭菊酯 1 500～2 000 倍液喷雾。

2）蚜虫类

①代表种。桃蚜，又名桃赤蚜（见图 6—28）、烟蚜、菜蚜、温室蚜。分布于全国各地。

②危害特点。主要危害桃、樱花、月季、蜀葵、香石竹、仙客来及一、二

图6—28　桃赤蚜

年生草本花卉。

③综合治理办法。春末夏初及秋季是桃蚜危害严重的季节。结合绿化措施剪除有卵的枝叶或刮除枝干上的越冬卵；利用色板诱杀有翅蚜。保护天敌瓢虫、草蛉，抑制蚜虫的蔓延。在寄主植物休眠期，喷洒3～5波美度石硫合剂；在发生期喷洒50%灭蚜松乳油1 000～1 500倍液。盆栽植物可根埋15%铁灭克颗粒剂2～4 g（根据盆大小决定用药量）或8%氧化乐果颗粒剂。施药后覆土浇水。在树木上也可打孔注射或刮去老皮涂药环。

3）蚧类

①代表种。日本龟蜡蚧（见图6—29），同翅目，蜡蚧科。又名枣龟蜡蚧、龟蜡蚧。寄主为茶、山茶、桑、枣、柿、柑橘、无花果、杧果、苹果、梨、山楂、桃、杏、李、樱桃、梅、石榴、栗等100多种植物。

②危害特点。若虫和雌成虫刺吸枝、叶汁液，排泄蜜露常诱致煤污病发生，削弱树势，重者枝条枯死。

图6—29　日本龟蜡蚧

③综合治理办法。加强检疫。要做好苗木、接穗、砧木检疫工作。结合花木管护，剪除虫枝或刷除虫体，可以减轻蚧虫的危害。落叶后至发芽前喷含油量10%的柴油乳剂，如混用化学药剂效果更好。初孵若虫分散转移期药剂防治，可用1～1.5波美度石硫合剂；卵囊盛期可用50%杀螟松乳油200～300倍液喷洒。

4）粉虱类

①代表种。黑刺粉虱（见图6—30），同翅目，粉虱科。又名橘刺粉虱、刺粉虱、黑蛹有刺粉虱。分布于我国江苏、安徽、河南以南至台湾、广东、广西、云南等地。

寄主为茶、油茶、柑橘、枇杷、苹果、梨、葡萄、柿、栗、龙眼、香蕉、橄榄等。

②危害特点。成若虫刺吸叶、果实和嫩枝的汁液，被害叶出现失绿黄白斑点，随危害的加重斑点扩展成片，进而全叶苍白早落。排泄蜜露可诱致煤污病发生。

③综合治理方法。加强管理合理修剪，可减轻发生与危害。早春发芽前结合防治蚧虫、蚜虫、红蜘蛛等害虫，喷洒含油量 5％的柴油乳剂或黏土柴油乳剂，毒杀越冬若虫有较好效果。

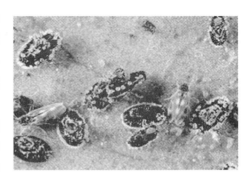

图 6—30　黑刺粉虱

幼虫时施药效果好，可喷洒 10％吡虫啉（蚜虱净）3 000 倍液，或 25％扑虱灵可湿性粉剂 1 500 倍液。黑刺粉虱的天敌种类很多，包括寄生蜂、捕食性瓢虫、寄生性真菌，应注意保护和利用。

2. 常见枝干虫害概述

（1）虫害特点。常见的钻蛀性害虫有天牛类、叩甲类、象甲类、木蠹蛾类、辉蛾类、夜蛾类、卷蛾类、茎蜂类、花蝇等。

钻蛀性害虫生活隐蔽，除在成虫期进行补充营养、觅偶寻找繁殖场所等活动时较易被发现外，均隐蔽在植物体内部进行危害，受害植物表现出凋萎、枯黄等症状时，已接近死亡，难以恢复生机，危害性很大。虫口稳定。

图 6—31　菊小筒天牛

（2）花卉常见枝干类虫害的防治。花卉常见枝干类虫害为天牛类。

1）代表种。菊小筒天牛（见图 6—31），又称菊虎。危害菊花、金鸡菊、欧洲菊等菊科植物。

2）危害特点。成虫啃食茎尖 10 cm 左右处的表皮，出现长条形斑纹，产卵时把菊花茎鞘咬成小孔，造成茎鞘失水萎蔫或折断。幼虫钻蛀取食，造成受害枝不能开花或整株枯死。天牛成虫飞翔力不强，有假死性，可以进行人工捕捉；利用硬物击打产卵痕可以杀卵；及时剪除被害枝条或伐除虫害木；用小刀挑开被害木的表皮层杀死初孵幼虫。树干涂白防止成虫产卵。

3）综合治理办法。在成虫羽化盛期喷洒杀螟松 1 000 倍液；韧皮部幼虫期用 40％乐果乳油或 50％杀螟松乳油喷树干；熏杀木质部幼虫，找新鲜虫孔，用注射器注入 40％乐果乳油或 50％杀螟松乳油或 50％敌敌畏乳油 200 倍液，使药剂进入孔道，再用泥封住虫孔。

3. 常见地下害虫概述

（1）虫害特点。地下害虫是指一生中大部分时间在土壤中生活，主要危害植物地下部分（如根、茎、种子）或地面附近根茎部的一类害虫，又称土壤害虫。它们是一个特殊的害虫类群。

地下害虫的特点：一是种类多，主要有直翅目的蝼蛄、蟋蟀，鞘翅目的蛴螬、金针虫，鳞翅目的地老虎，等翅目的白蚁，双翅目的根蛆等。二是分布广。三是寄主种类多、适应性强，各种花卉、作物、果树、林木、蔬菜、牧草等播下的种子和幼苗均可危害。四是危害时间长，几乎在植物的整个生长季节均能危害。五是不易防治，地下害虫潜伏于土中危害，不易被发现，防治难度大。

图 6—32　蛴螬

（2）花卉常见地下类虫害的防治

1）蛴螬（见图 6—32）。蛴螬是鞘翅目金龟甲总科幼虫的总称。

①危害特点。幼虫终生栖居土中，喜食刚刚播下的种子、根、块根、块茎以及幼苗等，造成缺苗断垄。成虫则喜食害果树、林木的叶和花器。是一类分布广、危害重的害虫。

蛴螬年生代数因种、因地而异。生活史较长，一般一年一代。

蛴螬终生栖居土中，其活动主要与土壤的理化特性和温湿度等有关。在一年中活动最适的土温平均为 13～18℃，高于 23℃即逐渐向深土层转移，至秋季土温下降到其活动适宜范围时，再移向土壤上层。因此蛴螬对果园苗圃、幼苗及其他作物的危害主要是春秋两季最重。

②综合治理办法。细致整地，挖拾蛴螬；避免施用未腐熟的厩肥，减少成虫产卵；在蛴螬发生严重地块，合理控制灌溉，或及时灌溉，促使蛴螬向土层深处转移，避开幼苗最易受害时期。蛴螬乳状菌能感染十多种蛴螬，可将病虫包装处理后，用来防治蛴螬。蛴螬的其他天敌也很多，如各种益鸟、青蛙等，可以保护利用。

药剂处理的方法如下：

一是药剂处理土壤。用 50％辛硫磷乳油每亩 200～250 g，加水 10 倍，喷于 25～30 kg 细土上拌匀成毒土，顺垄条施，随即浅锄，或混入厩肥中施用，或结合灌水施入都能收到良好效果，并兼治其他地下害虫。

二是药剂处理种子。当前用于拌种用的药剂主要有 50％辛硫磷乳油或 25％辛硫磷胶囊剂，其用量一般为药剂：水：种子＝1：30～40：400～500。

三是毒谷。每亩用 25％对硫磷或辛硫磷胶囊剂 150～200 g 拌谷子等饵料 5 kg 左右，或 50％对硫磷或辛硫磷乳油 50～100 g 拌饵料 3～4 kg，撒于种沟中，兼治其他地下害虫。

2）地老虎类（见图 6—33、图 6—34）

图 6—33　小地老虎幼虫　　　　图 6—34　小地老虎成虫

①代表种。小地老虎，鳞翅目，夜蛾科。又名土蚕、地蚕、黑土蚕、黑地蚕。分布在全国各地。寄主为各种蔬菜及农作物幼苗。

②危害特点。幼虫将幼苗近地面的茎部咬断，使整株死亡，造成缺苗断垄，严重的甚至毁种。成虫夜间活动、交配产卵，卵产在 5 cm 以下矮小杂草上，尤其在贴近地面的叶背或嫩茎上。成虫对黑光灯及糖醋液等趋性较强。幼虫白天潜伏在表土中，夜间出来危害。老熟幼虫有假死习性，受惊缩成环形。

小地老虎喜温暖及潮湿的条件，最适发育温度为 13～25℃，在河流湖泊地区或低洼内涝、雨水充足及常年灌溉地区均适于小地老虎的发生。尤在早春菜田及周缘杂草多，可提供产卵场所；蜜源植物多，可为成虫提供补充营养的情况下，将会形成较大的虫源，发生严重。

③综合治理办法。可用黑光灯诱杀成虫。也可用糖醋液诱杀成虫：糖 6 份、醋 3 份、白酒 1 份、水 10 份、90％敌百虫 1 份调匀，在成虫发生期设置，均有诱杀效果。某些发酵变酸的食物，如甘薯、胡萝卜、烂水果等加入适量药剂，也可诱杀成虫。

小地老虎 1～3 龄幼虫期抗药性差，且暴露在寄主植物或地面上，是药剂防治的适期，可喷洒 40.7％毒死蜱乳油每亩 90～120 g 加水 50～60 kg 或 50％辛硫磷 800 倍液。

二、 进行花卉虫害防治时的注意事项

1. 药害的预防

要严格按照药剂说明书要求的浓度进行配制，浓度宜小不宜大，在大面积使用前可先做一下药剂的使用实验，没有出现药害再大规模使用。

2. 用药规律

药剂通常选择低浓度的广谱抗菌药剂。防虫药与防病药交替使用，避免植物产生抗药性。防虫药与防病药各选几种，交叉使用。

露地一般选择晴天喷施，因为雨天药剂很容易被雨带走。室内一般选择早晚喷施，并在喷施之后罩塑料袋。

3. 安全防治

养护人员应做好个人防护，避免药物中毒，进行药物喷洒时应提醒周围群众，提前贴出施药时间。

第7章

水生植物的栽植与
养护

第1节 水生植物的栽植

 学习单元1 水生植物的种类

水生植物在物业绿化环境中的应用较为普遍，为了方便管理和应用，以下对水生植物进行了分类。

一、 水生植物概述

1. 水生植物的定义

能在水中生长的植物，统称为水生植物。水生植物叶子柔软而透明，有的形成丝状，如金鱼藻。丝状叶可以大大增加与水的接触面积，使叶子能最大限度地得到水里很少能得到的光照，吸收水里溶解得很少的二氧化碳，保证光合作用的进行。

2. 水生植物的园林价值

（1）水生植物的观赏价值。大部分水生植物拥有非常高的观赏价值，城市园林水景中的水生植物则要满足人们的视觉需要，促进人们身心健康的发展，满足人们的精神需求。因此，在园林配置中要注意水生植物与周围景观的合理搭配，既不能破坏周围的美感，又要突出水生植物的独特作用。

（2）水生植物的生态环保价值。水生植物能够有效净化水质，除去水体中的污染物。在一些水体中，由于水质恶化，产生大量浮游藻类，对整个水系的生态平衡造成破坏。水生植物的存在则与藻类争夺水中的养分，抑制浮游藻类的生长，与其争夺生存空间，使大量藻类难以生存，从而使水质更加清澈。此外，水生植物还能丰富水中的物种，可以为一些水生动物提供居住地和食物。一些种植在沿岸的水生植物可以有效改善土壤质量，提高土壤的抗腐蚀性能。水生植物还可以作为指示物种，通过考察植物的一些生长趋势，测量一些相关的指标，可以得到关于水体健康状况的数据，反映出水体整体的环境条件，从而决定是否对其进行调控，以及调控的力度大小。

水生植物的新陈代谢可以净化空气，尤其是城市中被污染的空气，可改善空气质量。

二、 水生植物的种类

根据水生植物的生活方式，一般将其分为以下几类：

1. 沉水植物

（1）特征。植物体长期沉没在水下，仅在开花时花柄、花朵才露出水面，表皮细胞没有角质或蜡质层，能直接吸收水分和溶于水中的氧及其他营养物质，根部退化或完全消失。叶片上的叶绿体大而多，排列在细胞外围，能充分吸收透入水中的微弱光线。叶片上没有气孔，有完整的通气组织，能适应水下氧气相对不足的环境。叶和茎的机械组织、角质层、导管等均发育不良，质柔软，叶多半可进一步区分为细长形或线形。营养盐类、O_2 及 CO_2 主要是通过藻体表面摄取。假根的发育也不良，多少具有吸收能力，但主要是作为固定器官来使用。

（2）种类。轮叶黑藻、金鱼藻、马来眼子菜、苦草、菹草等。

2. 浮水植物

（1）特征。生于浅水中，叶浮于水面，根长在水底土中的植物。浮叶植物仅在叶外表面有气孔，叶的蒸腾非常大。根一般因为缺乏氧气，所以由无氧呼吸可以产生醇类物质；此外，通过叶柄也能由叶供给氧气。叶柄与水深相适应，可伸得很长。另外，还有一些水中叶和浮叶具有显著的不同形态的植物。

（2）种类。睡莲、萍蓬草、芡实等。

3. 挺水植物

（1）特征。植株高大，花色艳丽，绝大多数有茎、叶之分；直立挺拔，下部或基部沉于水中，根或地茎扎入泥中生长，上部植株挺出水面。

（2）种类。荷花、千屈菜、菖蒲、黄菖蒲、水葱、再力花、梭鱼草、花叶芦竹、香蒲、泽泻、旱伞草、芦苇等。

4. 漂浮型植物

（1）特征。漂浮型水生植物种类较少，这类植株的根不生于泥中，株体漂浮于水面之上，随水流、风浪四处漂泊，多数以观叶为主，为池水提供装饰和绿荫。它们既能吸收水里的矿物质，同时又能遮蔽射入水中的阳光，因此也能够抑制水体中藻类的生长。漂浮植物的生长速度很快，能更快地提供水面的遮盖装饰。

（2）种类。水葫芦、凤眼莲、大漂、水鳖、满江红、槐叶萍等。

学习单元 2　水生植物的选择和栽植方法

栽植水生植物需要对水生植物的种类、习性有充分的了解，同时还要掌握水生植物在绿化中的配置方式。

一、 水生植物的选择和配置方式

1. 水生植物的选择

不同季节、不同水深适合种植的水生植物品种选择见表 7—1、表 7—2 和表 7—3。

表 7—1　　　　　　　　　　　挺 水 植 物

名称	种植季节	适宜水深	适宜温度
荷花	3—4 月分株繁殖	刚开始栽种 10～15 cm，之后 40～120 cm	20～35℃
香蒲	3—11 月均可进行	初栽时期 3～5 cm，旺盛生长期 10～15 cm	15～30℃
水葱	旺盛生长期主要在 3—10 月	初期 10～15 cm，栽种后 20 ～30 cm	15～30℃
菱草	3 月份萌芽，生长旺盛期为 4—7 月	栽种初期 5～7 cm，旺盛期 20～25 cm	15～30℃
芦苇	旺盛生长期为 5—7 月	分株及扦插，栽种后灌浅水养护至萌发新稍，后深水正常管理	20～30℃
菖蒲	2 月萌发，生长旺盛期为 3—5 月	分株，生长期休眠期均可。初期 5～7 cm，维护水位 10～15 cm	15～25℃
旱伞草	播种在 3—4 月，盆播为宜，播种后浸盆使土质湿润后盖薄膜或玻璃	水位要求严格，适宜的水位深度 3～5 cm，水位过高影响新芽光合作用，导致腐烂	25℃ 左右

续表

名称	种植季节	适宜水深	适宜温度
再力花	4 月中旬，一般采用分株办法栽种	从水深 0.6 m 浅水水域直到岸边，水可没基部均生长良好	20～30℃，10℃ 以下几乎停止生长
千屈菜	播种在 3 月底 4 月初。分株可在 4 月进行。扦插可在春夏两季进行	适宜水深为 30～40 cm	20～30℃
梭鱼草	分株法和种子繁殖，分株在春夏两季进行，种子繁殖一般在春季进行	适宜浅水低于 20 cm，梭鱼草可直接栽植于浅水中，或先植于花缸内，再放入水池	18～35℃，10℃ 以下停止生长

表 7—2　　　　　　　　　　　沉 水 植 物

名称	种植季节	适宜水深	适宜温度
苦草	(1) 种子繁殖：3—4 月将种子催芽，播于土中，加水高出地面 3～5 cm，保温保湿，待生长健壮移栽。 (2) 无性繁殖：5—8 月，切取地下茎上分枝进行繁殖。	撒播种子培育苦草，水域水深宜在 3～10 cm；移栽根茎培植，水深不宜超过 1 m	25～30℃
轮叶黑藻	(1) 枝尖插植：3 月底 4 月初，水温升至 10～15℃，晴天播种。播种前池中加注水 10 cm，每亩用种 50～100 g，播种前应先浸种 1～2 天，和泥一起全池泼洒 (2) 营养体移栽繁殖：一般在谷雨前后，将池塘水排干，留底泥 10～15 cm，将长至 15 cm 轮叶黑藻切成长 8 cm 左右的段节，每亩按 30～50 kg 均匀泼洒，使茎节部分浸入泥中，再将池塘水加至 15 cm 深。约 20 天后全池都覆盖着新生的轮叶黑藻，可将水加至 30 cm，以后逐步加深池水，不使水草露出水面	—	25～30℃

名称	种植季节	适宜水深	适宜温度
轮叶黑藻	（3）芽孢种植：每年的 12 月到翌年 3 月是轮叶黑藻芽苞的播种期，应选择晴天播种，播种前池水加注新水 10 cm，每亩用种 500～1 000 g，播种时应按行、株距 50 cm 将芽苞 3～5 粒插入泥中，或者拌泥沙撒播 （4）整株种植：在每年的 5—8 月，天然水域中的轮叶黑藻已长成，长达 40～60 cm，每亩水域一次放草 100～200 kg，茎节部分浸入泥中，一部分被水生动物直接摄食，一部分生须根着泥存活。水质管理上，白天水深，晚间水浅，促进须根生成	—	25～30℃
金鱼藻	用营养体分割繁殖，采到金鱼藻后切断部分枝叶投入水中或埋入沙中 3～5 cm，枝叶会很快生根，逐渐生长分枝	常生于 1～3 m 深的水域中	适温性较广，在水温低至 4℃ 时也能生长良好
狐尾藻	扦插，多在 4—8 月进行，最好选择长度 7～9 cm 的茎尖作为插穗，也可用分株繁殖。	种植水体最好有一定的流动性	26～30℃ 范围内生长良好，越冬温度不宜低于 5℃

表 7—3 　　　　　　　　　　　　**浮 水 植 物**

名称	种植季节	适宜水深	适宜温度
睡莲	多采用分株繁殖。3 月将根茎于池中或盆内掘起，切成长约 10～15 cm 段，用 25 cm 以上的大盆，盆底先装田泥，低于盆口约 8 cm，将根茎放上后再覆盖薄层田泥，浇足水，等出芽后将盆泥沉入池中。播种繁殖于 3—4 月进行，在水盆中盛泥，注水深 1 cm，再撒一层河沙，然后下种，随芽的逐渐伸长，水位也相应逐渐升高	将盆置于温暖而阳光充足的地方，出芽后浸入水中，随叶柄不断伸长并逐渐提高水面，水深不得超过 1 m	15～32℃，低于 12℃ 时停止生长

续表

名称	种植季节	适宜水深	适宜温度
萍蓬草	播种繁殖或块茎繁殖：在 3—4 月进行，将带主芽的块茎切成 6～8 cm 长作为繁殖材料	适宜生在水深 30～60 cm，最深不宜超过 1 m	生长适宜温度为 15～32℃，温度降至 12℃ 以下停止生长
荇菜	用分株和扦插法繁殖。分株于每年 3 月份将生长较密的株丛分割成小块另植；扦插繁殖也容易成活，它的节茎上都可生根，生长期取枝 2～4 节，插于浅水中，2 周后生根。	在水池中种植，水深以 40 cm 左右较合适，盆栽水深 10 cm 左右即可	水深为 20～100 cm
芡实	（1）种子繁殖：适时播种。春秋两季均可（以 9—10 月为好）。播种时，选用新鲜饱满的种子撒在泥土稍干的塘内。若春雨多，池塘水满，在 3—4 月春播种子不易均匀撒播时，可用湿润的泥土捏成小土团，每团渗入种子 3～4 粒，按瘦塘 130～170 cm，肥塘 200 cm 的距离投入一个土团，种子随土团沉入水底，便可出苗生长　（2）幼芽移栽：前年种过芡实的地方，来年不用再播种。因其果实成熟后会自然裂开，有部分种子散落塘内，来年便可萌芽生长。当叶浮出水面，直径 15～20 cm 时便可移栽	适宜水深为 30～90 cm	生长的适宜温度为 20～30℃，温度低于 15℃ 时果实不能成熟

2. 水生植物的配置方式

一泓池水，荡漾弥渺，虽然有广阔深远的感受，但若在池中、水畔结合水生植物的姿态、色彩来造景，会使水景大为增色。中国的园林绿化景观中，水景常构成一种独特的、耐人寻味的意境。"夹岸复连沙，枝枝摇浪花，月明浑似雪，无处认渔家""茫茫芦花，阵阵涟漪，浑似白雪，水天一色，秋色美景，意境深邃"。借鉴传统水生植物的造景手法，依水域形式不同，可将水生植物归纳为 4 种基本配置模式。

（1）水域宽阔处的水生植物配置。此配置应以营造水生植物群落景观为主，主要考虑远观。植物配置注重整体、宏大而连续的景观效果，主要以量取胜，给人一种壮观的视角感受。如荷花群落、睡莲群落、千屈菜群落或多种水生植物群落组合等。

（2）水域面积较小处的水生植物配置。此配置主要考虑近观，更注重水生植物的单株观赏效果，对植物的姿态、色彩、高度等适合细细品味；手法往往较为细腻，注重水面的镜面作用，故水生植物配置时不宜过于拥挤，以免影响水中倒影及景观透视线。配置时水面上的浮叶及漂浮植物与挺水植物的比例要保持恰当，一般水生植物占水体面积的比例不宜超过 1/3，否则易产生水体面积缩小的不良视觉效果，更无倒影可言。水缘植物应间断种植，留出大小不同的缺口，以供游人亲水及隔岸观景。

（3）河流等条带状水域中的水生植物配置。要求水生植物高低错落、疏密有致，体现节奏与韵律。

（4）人工溪流的水生植物配置。人工溪流的宽度、深浅一般都比自然河流小，一眼即可见底。此类水体的宽窄、深浅是植物配置重点考虑的因素，一般应选择株高较低的水生植物与之协调，且体量不宜过大，种类不宜过多，只起点缀作用。

二、 水生植物的栽植方法

1. 池底砌筑种植槽种植

水池建造时，在适宜的水深处砌筑种植槽，再加上腐殖质多的培养土，至少 15 cm 厚。槽内种植器一般选用木箱、竹篮、柳条筐等，一年之内不致腐烂。选用时应注意装土栽种以后，在水中不致倾倒或被风浪吹翻。一般不用有孔的容器，因为培养土及其肥效很容易流失到水里，甚至污染水质。

不同水生植物对水深要求不同，容器放置的位置也不相同。一种是在水中砌砖石方台，将容器放在方台的顶托上，使其稳妥可靠。另一种方法是用两根耐水的绳索捆住容器，然后将绳索固定在岸边，压在石下。如水位距岸边很近，岸上又有假山石散点，要将绳索隐蔽起来，否则会影响景观效果。

2. 容器种植

将水生植物种在容器中，再将容器沉入水中，常见的水葱、荷花植物等在面积较小的水面应用较多。

第 2 节　水生植物的养护

学习单元 1　水生植物的日常养护

物业内水景的整洁离不开对其内部水生植物的日常养护，在人工环境下水生植物的生长离不开人工维护。

一、　水生植物日常养护的含义

1. 水生植物日常养护的定义

水生植物的日常养护就是用园艺等手段，人工对水生植物本身和其生长环境进行干预，确保水生植物的正常生长，达到预期的观赏应用效果。

2. 水生植物日常养护的目标

通过养护使水生植物达到预期的景观效果，并能够保持较长时间的观赏期，无病虫害发生，同时保持水体的整洁。

二、　水生植物的日常养护要点

水生植物的养护主要是水分管理，沉水、挺水、浮水植物从起苗到种植过程都不能长时间离开水，尤其是在炎热的夏天进行种植，苗木在运输过程中要做好降温保湿工作，确保植物体表湿润，做到先灌水，后种植。如不能及时灌水，则只能延期种植。挺水植物和湿生植物种植后要及时灌水，如水系不能及时灌水的，要经常浇水，使土壤水分保持过饱和状态。

栽种水生植物，应着重注意以下几点：

1. 日照

大多数水生植物都需要充足的日照，尤其是生长期（即每年 4—10 月），如阳光照射不足，会发生徒长、叶小而薄、不开花等现象。

2. 用土

除了漂浮植物不须底土外，栽植其他种类的水生植物，须用田土、池塘烂泥等有机黏质土作为底土，在表层铺盖直径 1～2 cm 的粗砂，可防止灌水或震动造成水混浊现象。

3. 施肥

以油粕、骨粉的玉肥作为基肥，放 4～5 个玉肥于容器角落即可，水边植物不需基肥。追肥则以化学肥料代替有机肥，以避免污染水质，用量较一般植物稀薄 10 倍。水生植物的施肥应在种植时或移入水池前 10 天施肥，施肥不应污染水质。

4. 水位

水生植物依生长习性不同，对水深的要求也不同。漂浮型植物最简单，仅须足够的水深使其漂浮；沉水植物则水高必须超过植株，使茎叶自然伸展。水边植物则保持土壤湿润、稍呈积水状态；挺水植物因茎叶会挺出水面，须保持 50～100 cm 的水深；浮水植物较麻烦，水位高低须依茎梗长短调整，使叶浮于水面呈自然状态为佳。

5. 疏除

若同一水池中混合栽植各类水生植物，必须定时疏除繁殖快速的种类，以免覆满水面，影响睡莲或其他沉水植物的生长；浮水植物过大时，叶面互相遮盖时，也必须进行分株。

6. 换水

为避免蚊虫滋生或水质恶化，当用水发生混浊时，必须换水，夏季则需增加换水次数。

此外，应及时清除枯残枝叶及杂物，对于因病虫等原因而造成整盆死亡的，应将其空盆撤出。养有观赏鱼的水池不允许喷对鱼类有害的农药。这类水池的水生植物有严重病虫害时，应撤出后再喷药品处理。

学习单元 2　水生植物的冬季养护

一、　冬季水生植物管理的含义

进入冬季后，天气转冷，水生植物开始进入"休眠期"，为了确保水质，预防病虫害，此时需要对水生植物进行修剪等养护。在北方地区，由于冬季寒冷，露地栽培的水生植物无法自然越冬，需要人工挖出置于温室内越冬。通过水生植物的冬季养护，可以使人工栽植的植物群落健康生长，保持良好的景观效果。

二、　冬季水生植物管理的要点

（1）对于因不耐寒而干枯的水生植物，应在其冬季枯黄后将其泥上部分清除。

（2）对于多年生耐寒水生植物应在每年 2 月底新芽长出前将泥上部分剪除。

（3）盆栽水生植物可以在冬季连盆拿出水面，并在开春前补施一次基肥，待其新叶长出后再移入水中。

第8章

常用绿化养护器具

第1节　常用绿化养护手工器械

学习单元 1　常用绿化养护 手工器械的使用

识别绿化养护手工器械并掌握其使用方法是物业绿化人员的基本技能之一。系统地认知养护器械便于对绿化工具进行集中管理。

一、 常用绿化养护手工器械的种类

1. 剪刀类

绿化用剪刀主要有高枝剪（见图 8—1）、剪枝剪（整枝剪、修枝剪）（见图 8—2）、整篱剪（篱笆剪）（见图 8—3）、多用剪、摘果剪、剪花剪、剪草剪等。

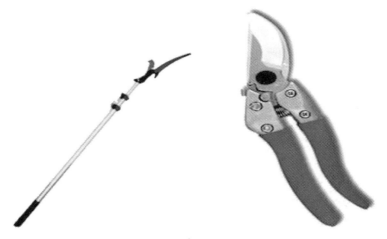

图 8—1　高枝剪　　　　　　　　图 8—2　剪枝剪

绿化用剪刀大部分造型设计为圆弧及半椭圆形，其优点主要有两点。

（1）减少剪刀与乔木、花灌木之间的摩擦力，对于枝、干密度较大的植物来说，为了更好、更准确修剪到各部分枝头，如平行枝、交叉枝，大部分修剪

工具设计为圆弧及半椭圆形。

（2）部分专业修剪专家从事多年养护工作，对修枝剪认识度过高，长时间修剪，很容易将剪刀与部分乔、灌木"看错"，为了防止因长期修剪引起的"错误修剪"，专家一致认为修枝剪应设计为圆弧形状。

2. 锯类

手锯为花卉、苗木、果树、园林树木等绿色植物修剪用工具（见图 8—4），一般锯刃长度为 180～350 mm。

 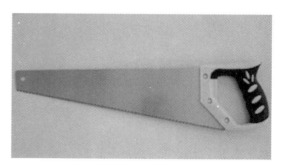

图 8—3　整篱剪　　　　　　　　　图 8—4　手锯

手锯按外形可分为：直锯、弯锯、可折叠手锯（见图 8—5），使用起来弯锯较省力。

按适用范围可分为木工锯、园林锯、雕刻锯等。

3. 铲类

铲类包括各种大小的园艺铲（见图 8—6）、不同类型的铁锹和锄头。

图 8—5　可折叠手锯　　　　　　　图 8—6　园艺铲

铲子可以用来移苗，种花填土，锄头可以除草松土，铁锹主要用于挖穴、挖沟等土方量较大的工作。

4. 耙类

耙类主要种类有搂草耙（见图8—7）和多齿耙（见图8—8）等。

图 8—7 搂草耙   图 8—8 多齿耙

小型耙子可以用来松土，大型耙子可以用来平整土地，去除掉落物，进行苗床整形等。

5. 手动喷雾器

手动喷雾器主要有小型的喷壶和大型的喷药设备（图8—9），规格有多种，但是原理相同。使用时应注意以下几点：

（1）正确选择喷孔。大孔流量大，雾点粗，适合较大植物，小孔适合幼年期植物。

（2）新皮碗使用前应浸泡在机油或动物油中至少 24 h 后使用。

（3）背负作业时，液压泵杆的下压频率为 18～25 次/分。操作时不可过分弯腰，防治药业溅到身上。在喷洒剧毒农药时，应加强自身防护工作，防止中毒。

（4）加药量不能超过药桶壁的水位警戒线，以免药液外溢。

（5）使用完毕后必须用清水清洗内部与外壳，擦干桶内积水。较长时间存放时应先用碱水洗，再用清水洗，擦干后自然干燥，然后封存。

6. 其他工具

斧头、锄头、镐头（见图8—10）等工具也是绿化养护中经常用到的工具，均有多种规格。

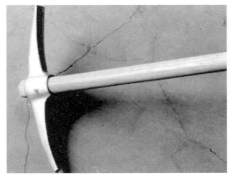

图 8—9　手动喷雾器　　　　　　　　　　　图 8—10　镐头

二、　常用绿化养护手工器械的使用

1. 剪刀类

（1）绿篱剪

1）修剪绿篱。操作时自然站立，两脚松开，放松，身体重心前倾，双手握住剪把中部，剪片端平。操作时手腕要灵活，动作小，速度快。

2）修剪草坪。两脚左右开立或前后开立，下蹲，中心前移，双手握住剪把中部，手臂自然下垂，手臂摆动，修剪时脚步前移。

（2）修枝剪。使用时用剪刀外侧面贴靠树干面，使剪截面平整，不留柱头。在剪截较粗枝条时，可用左手顺着剪刀口的方向向后用力推修剪枝，即可完成。

2. 锯类

使用时，锯片的拉拽路线必须直来直往，用力均匀，防止锯片折断。

3. 铲类

（1）锄头的使用。根据草情，将除草方式分为拉锄和斩锄两类。拉锄时，双手将锄头端起向前送出，锄刀落下时，双手略用力，使锄刀落下时顺势把锄头向后拉拽，将草除掉。斩除时，锄刀下落时要用力，然后往回斩草。

（2）铁锹的使用。人体自然站立，重心前移，右手把握锹柄支点，左手握住把手，用右脚踏住锹的右肩，用力踩下去，然后左手将锹柄后拉，反复操作。

学习单元2　常用绿化养护
手工器械的保养

一、　常用绿化养护手工器械保养的含义和目标

1. 常用绿化养护手工器械保养的含义

对绿化养护手工器械进行使用前和使用后的检查和维护，可保证器械的正常使用。

2. 常用绿化养护手工器械保养的目标

手工器械的保养要做到无锈蚀，漆面完整，切割面保持锋利，活动机构灵活，阻尼正常，铲子、锄头等工具的组合连接部位连接稳固，无松动现象。通过养护使工具使用方便，无安全隐患。

二、　常用绿化养护手工器械的保养

1. 剪刀类

剪刀类工具在使用后，应及时清除垢物或者泥土，磨好备用，使刀刃平滑。还要在螺钉处涂抹机油，保持活动部件灵活。

2. 锯类

锯类工具在使用后要及时清理锯齿和锯片上的残留物，较长时间不用，还要在锯片各部位涂抹黄油，装入塑料袋或用保鲜膜密封，至于干燥处。

3. 铲类和耙类

铲类和耙类工具使用后将附着的泥土擦干净放于干燥处，长时间不使用，应涂抹牛油或机油，用塑料布包裹好。

第 2 节　常用绿化养护机械

学习单元 1　常用绿化养护机械的使用

随着科技的发展，小型机械在物业绿化养护中逐渐普及，绿化机械的使用极大地提高了物业绿化养护的效率，节省了人工。

一、常用绿化养护机械的种类

1. 割灌机

割灌机也称为割草机、打草机，多用于割较高杂草和小灌木。

割灌机分为背负式（见图 8—11）和侧挂式割灌机（见图 8—12），包括四冲程动力和二冲程动力两大类。

图 8—11　背负式割灌机

图 8—12　侧挂式割灌机

2. 割草机

割草机又称除草机、剪草机、草坪修剪机等（见图 8—13）。割草机是一种用于修剪草坪、植被等的机械工具，由刀盘、发动机、行走轮、行走机构、刀

图 8—13　割草机

片、扶手、控制部分组成。刀盘装在行走轮上，刀盘上装有发动机，发动机的输出轴上装有刀片，刀片利用发动机的高速旋转在速度方面提高很多，节省了除草工人的作业时间，减少了大量的人力。

二、　常用绿化养护机械的使用

1. 割灌机

（1）割灌机作业前的注意事项

1）应检查燃油是否足够。二冲程动力的割灌机使用混合燃油；四冲程动力的割灌机使用纯汽油，另外四冲程动力的割灌机需定期更换润滑油。

2）应检查各零部件连接是否牢固、可靠，尤其是刀片压紧螺母是否有松动现象，如有则应予以拧紧。

3）应启动汽油机，低速运转 3～5 min，让汽油机在作业前充分预热，以更好地保护汽油机。在此过程中，可以适当加速，检查刀片等运动件是否正常，有无异响，如有，应予以查清原因进行维护。也可适时关汽油机，检查熄火开关功能是否良好、有效，如有，应予以查清原因进行维护。

4）请仔细检查自身作业穿戴装备是否齐全、可靠，确保作业安全。如果是个人单独作业，先启动汽油机，再小心谨慎将整机挂背在身上。

5）无论是侧挂式割灌机还是背负式割灌机，都要根据自身需求调整背带长短，以确保作业更安全、更舒服和更高效。割灌机要位于操作者的右侧，人要自然站直，两手分别紧握左右把手（侧挂式）或前后手柄操作时（背负式）。操作杆向前倾斜，刀片和地面基本保持平行状态，其距离为 3～5 cm。操作时注意保持平衡，有效控制作业。

（2）打草头和刀片的使用指导

1）用打草头割草作业时，应保证打草头尼龙绳伸出打草头轮外 5～10 cm，如果过长，会因为负荷较大影响汽油机使用寿命，并造成挡草板的损坏；如果过短，将降低作业效率。

2）尼龙绳磨损变短后，在正常使用过程中，只要将打草头轻轻地碰下地面，尼龙绳便会自动甩出伸长，若长度不够，可反复多碰几次，直到尼龙绳长度为 5～10 cm。尼龙绳用完后，可拆开打草头，将新的尼龙绳缠绕在绳轮上装回即可。

3）用刀片割草作业时，不要将整个刀片伸入到草丛中，一般草坪，伸入刀片直径的 1/2 即可，草茎较硬的草，伸入刀片直径的 1/3 即可。

4）用刀片切割灌木作业时，一般灌木应在同一水平面内沿灌木周边进行切割，切割较粗灌木时，应先在灌木倒下的方向切割一个口子，口子深度为灌木直径的 1/3 左右，然后从灌木的另一侧将灌木切割掉。这样切割既保证在切割过程中不会夹住刀片，又能控制灌木倒下的方向。

（3）割灌机使用注意事项

1）打草头只能用于割草，严禁用于切割灌木。

2）严禁使用两齿刀片切割灌木。

3）三齿刀片切割灌木直径不宜超过 1 cm；

4）硬质合金多齿刀片切割灌木直径不宜超过 6 cm。

2. 割草机

（1）使用背式割草机的安全规程

1）穿着长袖及长裤；禁止穿着宽松衣物；佩戴安全帽、护目镜、耳罩，穿质地防滑的鞋，禁止穿拖鞋或者光脚使用割草机。

2）不要在酷热或严寒气候下长时间使用割草机，要适当休息。

3）不允许醉酒或生病的人、小孩和不熟悉割草机正确操作方法的人操作割草机。

4）在引擎停止运转并冷却后再加油。

5）加油时防止油满溢出，若溢出应擦拭干净。

6）机器最少远离物体 1 m 才可以启动。

7）必须在通风良好的户外使用割草机。

8）每次使用前必须检查打草绳盒是否扣紧，防止打草绳盒压盖弹出，并检查打草绳盒是否旋紧。

9）一定要用原厂制造商提供的配件。

（2）启动前的检查规程

1）检查油壶是否有破洞漏油的情况。

2）检查打草绳盒内是否还有打草绳。

3）确保其他人不在危险区域内方可启动。

4）启动时需抓紧操作杆以免因震动而失去控制。

5）启动前需确认打草绳头没有与其他物品接触。

6）启动前检查油壶是否有油。

7）检查空气滤芯是否需要更换。

8）将手把上的红色开关向后推（向前推应该是停止工作），将阻风开关拧至 OFF 位置。

（3）背机规程

1）左手握紧操作杆。

2）右手提起右侧背带后背在右肩上。

3）将操作杆换至右手侧，将左侧背带背在左肩上。

4）调整背带至舒服位置。

（4）操作中的注意事项

1）如机器在操作中异常震动必须立即停止操作，暂停使用。

2）必须双手操作割草机，禁止单手作业。

3）引擎转动时，禁止将打草绳头靠近草皮以外的地方。

4）引擎消音器需朝外以免烫伤。

5）工作区域 15 m 之内不准人进入。

6）割草机运转中，严禁用手或工具清除缠绕在机身上的杂草杂物。

（5）操作后注意事项

1）如几天不用，需将油壶净空，以免因漏油而起火。

2）确定割草机完全停止后再进行清洁维修检查工作。

3）拆除火花塞电缆以免意外走火。

4）待引擎完全冷却后再正确存放割草机。

 学习单元 2 常用绿化养护机械的保养

一、 常绿化养护机械保养的含义和目标

1. 绿化养护机械保养的含义

在使用前后对绿化养护机械进行查看和维修，保证其正常使用功能。

2. 绿化养护机械保养的目标

通过对绿化养护机械的保养，可以保证机械的正常使用，达到良好的养护效果，同时通过保养可以延长机械的使用寿命，经济划算。

二、 常用绿化养护机械的保养

1. 割灌机

割灌机保养规程如下：

（1）适用范围。下文规定了割灌机的保养规定及保养操作过程中的注意事项，适用于割灌机的保养操作。

（2）保养规定

1）对人员状况及劳保穿戴的要求

第一，维修保养人员需对割灌机的性能有一定的了解，有一定的汽油机、传动部件保养知识。

第二，保养人员进行保养工作时需身体健康、头脑清醒、无情绪、无酒后上岗，无对油类过敏。

第三，保养人员需穿工作服，戴手套，穿工作鞋，使用合格劳动工具。

2）设备系统图。设备的相关维修图纸和使用说明应妥善保管，需要时可及时调用参考。

3）设备润滑规定

第一，应按割灌机使用说明对发动机进行加机油润滑，所加机油应是正规厂家出产的，合乎要求规格的机油，长时间不使用时应进行更换；

第二，转动部件的轴承应按规定定期进行润滑油更换，保证油品质量无杂质。

4）设备交接班时的保养规定

第一，交接班时要保持设备清洁，运转正常无异常。

第二，查看油量标尺，看油量是否正常、油质是否正常。

第三，刀片（尼龙割刀）运转正常。

5）设备工作期间保养规定。以清洁、紧固、润滑为重点，主要是对割灌机刀片（尼龙割刀）、外露部位的螺栓和螺母进行紧固；检查燃料油箱有无破裂漏油，金属刀片有无破损、崩裂。工作过程中发现紧固件松动等现象时，应及时进行加固。

2. 割草机

割草机保养规程如下：

（1）适用范围。下文规定了割草机的保养规定及保养操作过程注意事项，适用于割草机的保养操作。

（2）割草机的维护

1）机油的维护。每次使用割草机之前，都要检查机油油面，看是否处于机油标尺上下刻度之间。新机使用 5 h 后应更换机油，使用 10 h 后应再更换一次机油，以后根据说明书的要求定期更换机油。换机油应在发动机处于热机状态下进行。加注机油不能过多，否则将会现发动困难、黑烟大，动力不足（气缸积炭过多、火花塞间隙小）、发动机过热等现象；同时，加注机油也不能过少，否则将会现发动机齿轮噪声大，活塞环加速磨损和损坏，甚至出现拉瓦等现象，造成发动机严重损坏。

2）空气滤清器的维护。每次使用前和使用后应检查空气滤清器是否脏污，应勤换勤洗。若太脏会导致发动机难启动、黑烟大、动力不足。如果滤清器滤芯是纸质，可卸下滤芯，掸掉附着在其上的尘土；如果滤芯是海绵质，可用汽油清洗之后，适当在滤芯上滴些润滑油，使滤芯保持湿润状态，更有利于吸附灰尘。

3）打草头的维护。打草头在工作时处于高速高温状态，因此，在打草头工作约 25 h 后，应加注高温高压黄油 20 g。

4）散热器的维护。散热器主要功能是消声、散热。当割草机工作时，打飞的草屑会附着在散热器上，影响其散热功能，严重时会造成拉缸现象，损坏发动机。因此在每次使用割草机后，要认真清理散热器上的杂物。

（3）割草机的常见故障与排除方法

1）发动机运转不平稳

①原因。油门处于最大位置，风门处在打开状态；火花塞线松动；水和脏物进入燃油系统；空气滤清器太脏；化油器调整不当；发动机固定螺钉松动；发动机曲轴弯曲。

②排除方法。下调油门开关；按牢火花塞外线；清洗油箱，重新加入清洁燃油；清洗空气滤清器或更换滤芯；重调化油器；熄火之后检查发动机固定螺钉；校正曲轴或更换新轴。

2）发动机不能熄火

①原因。油门线在发动机上的安装位置不适当；油门线断裂；油门活动不灵敏；熄火线不能接触。

②排除方法。重新安装油门线；更换新的油门线；向油门活动位置滴注少量机油；检查或更换熄火线。

3）草坪割草机排草不畅

①原因。发动机转速过低；积草堵住出草口；草地湿度过大；草太长、太密；刀片不锋利。

②排除方法。清除割草机内积草；草坪有水待干后再割；分两次或三次割，每次只割除草长的 1/3；将刀片打磨锋利。

（4）建议

1）目前一线班组的割草机品牌很复杂，有日本生产的小松 G3K、G35L、超人；德国生产的 STIHL；澳大利亚生产的 ROVER 等。品牌的多样性必然导致管理的复杂性、无序性。建议逐步淘汰老旧机器，统一用一种品牌的割草机，以便于管理和维修保养。

2）建议每年在第一次开始打草之前，聘请专业维修人员对每台割草机进行检修。检修的主要项目有清洗化油器、清理燃烧室的积炭，检查高压线路是否畅通，齿轮箱是否正常工作等。

参 考 文 献

1. 胡宝忠. 植物学. 北京：中国农业出版社，2002.

2. 包满珠. 花卉学. 北京：中国农业出版社，2010.

3. 刘燕. 园林花卉学（第3版）. 北京：中国林业出版社，2016.

4. 孙吉雄. 草坪学（第2版）. 北京：中国农业出版社，2011.

5. 陈有民. 园林树木学. 北京：中国林业出版社，1990.

6. 卓丽环，陈龙清. 园林树木学. 北京：中国农业出版社，2004.

7. 武三安. 园林植物病虫害防治（第2版）. 北京：中国林业出版社，2007.

8. 李本鑫. 园林植物病虫害防治. 北京：机械工业出版社，2012.

9. 邵小云. 物业绿化养护及病虫害防治. 北京：化学工业出版社，2016.

10. 郑龙清. 物业维护与管理. 上海：华东师范大学出版社，2009.

11. 周建华. 物业管理员. 北京：中国劳动社会保障出版社，2013.

12. 康亮. 物业绿化管理. 上海：华东师范大学出版社，2015.

13. 佘远国. 园林植物栽培与养护. 北京：机械工业出版社，2012.

14. 苏金乐. 园林苗圃学（第2版）. 北京：中国农业出版社，2010.

15. 苏雪痕. 植物造景. 北京：中国林业出版社，1994.

16. 张天麟. 园林树木1600种. 北京：中国建筑工业出版社，2010.

17. 程倩. 植物造景. 北京：机械工业出版社，2015.